全国农业专业学位研究生教育指导委员会推荐教材

作物育种理论与案例分析

Principle and Case Analysis of Crop Breeding

主　编　孙其信

副主编　李保云　倪中福　尤明山

科学出版社

北　京

内 容 简 介

本书从作物遗传改良的原理出发，以近 20 年来获国家科学技术进步奖的作物品种的选育为案例，从品种特性、亲本选配、选育过程、选育理念、推广前景等方面进行分析。其中涉及的育种方法主要有杂交育种、回交育种、远缘杂交、单倍体育种、轮回选择、杂种优势利用、生物技术辅助育种等，是作物育种理论联系实践的很好典范。

本书可作为全国高等农业及相关院校农学学科专业硕士研究生的“作物育种案例分析”教材，也可作为本科生“作物育种学”的补充教材，还可作为相关科研院所作物遗传育种者的参考资料。

图书在版编目（CIP）数据

作物育种理论与案例分析/孙其信主编. —北京：科学出版社, 2016.6
ISBN 978-7-03-048537-3

Ⅰ.①作… Ⅱ.①孙… Ⅲ. ①作物育种 Ⅳ.①S33

中国版本图书馆 CIP 数据核字(2016)第 123157 号

责任编辑：李秀伟 岳漫宇 / 责任校对：刘亚琦
责任印制：张 伟 / 封面设计：北京铭轩堂广告设计有限公司

科学出版社 出版
北京东黄城根北街 16 号
邮政编码：100717
http://www.sciencep.com

北京凌奇印刷有限责任公司 印刷
科学出版社发行 各地新华书店经销
*
2016 年 6 月第 一 版 开本：B5 (720×1000)
2019 年 1 月第三次印刷 印张：12 1/4
字数：242 000

定价：75.00 元

(如有印装质量问题，我社负责调换)

《作物育种理论与案例分析》编委会名单

主　编	孙其信	中国农业大学
副主编	李保云	中国农业大学
	倪中福	中国农业大学
	尤明山	中国农业大学
审　稿	刘广田	中国农业大学

案例撰稿人

案例	撰稿人
小麦品种‘农大 211’的选育	中国农业大学，尤明山，李保云
小麦品种‘百农矮抗58’的选育	河南科技学院，茹振钢，胡铁柱
小麦品种‘洛麦23’的选育	洛阳农林科学院，张灿军，高海涛，余四平
‘内麦’系列品种的选育	四川省内江市农业科学院，黄辉跃，王相权
小麦品种‘金禾9123’的选育	河北省农林科学院遗传生理研究所，王海波，赵和
小麦品种‘农大1108’的选育	中国农业大学，刘志勇
玉米杂交种‘农大108’的选育	中国农业大学许启凤，张旭
玉米杂交种‘郑单958’的选育	河南省农业科学研究院，朱卫红
耐密型玉米杂交种‘辽单565’的选育	辽宁省农业科学院，王延波
杂交油菜‘秦优7 号’的选育	陕西省杂交油菜研究中心，李殿荣
异花授粉作物的轮回选择	中国农业大学，陈绍江
‘矮败小麦’育种技术体系的建立与应用	中国农业科学院，刘秉华，杨丽
玉米单倍体育种	中国农业大学，陈绍江
小麦单倍体育种—‘花培5 号’的选育	河南省农业科学研究院，海燕，康明辉
小麦-簇毛麦6VS/6AL易位系在小麦育种中的应用	南京农业大学，陈佩度
转基因抗虫杂交棉—‘鲁棉研15 号’	山东棉花研究中心，李汝忠，韩宗福
甘薯体细胞杂交方法创制甘薯育种新材料	中国农业大学，翟红

前　言

自新中国成立以来，特别是自改革开放以来，我国作物育种工作取得了世界瞩目的巨大成就。但是，如何培养一大批既掌握现代育种理论又懂得作物育种技术的新型人才，是当前我国，也是世界作物育种教育的迫切需求。为了加强和改进作物育种专业育种技术方面的应用性教育和满足作物学科专业硕士的培养要求，我们组织编写了《作物育种理论与案例分析》教材。

《作物育种理论与案例分析》是一本在我国农业生产上有影响力的农作物品种培育案例分析的教材。本书以作物育种原理和育种方法为主线，内容包括：作物育种群体及遗传分析群体；作物杂交育种的理论基础及其育种案例分析；作物回交育种的理论基础及其育种案例分析；作物杂种优势的理论基础及其育种案例分析；轮回选择的理论基础及其育种案例分析；单倍体育种的理论基础及其育种案例分析；远缘杂交的理论基础及其育种案例分析；分子生物学技术及其育种案例分析。根据所选品种培育过程中所用育种方法的特点，将所选 19 个作物品种的选育案例和 3 个育种材料的创新案例分别穿插在不同章节，方便读者学习和借鉴。

本书涉及的 19 个作物品种均为我国农业生产主产区的主推品种或未来可能大面积推广的品种，其中 4 个品种曾获国家科学技术进步奖一等奖，即小麦品种‘矮抗 58’、小麦品种‘轮选 987’、玉米杂交种‘农大 108’、玉米杂交种‘郑单 958’；14 个曾获国家科学技术进步奖二等奖，即玉米杂交种‘辽单 565’，杂交油菜‘秦优 7 号’、‘内麦’系列品种、‘洛麦 23’、‘石麦 15’，棉花品种‘鲁棉研 15 号’等；2 个曾获国家技术发明奖二等奖，即小麦-簇毛麦远缘杂交、高油玉米。这些案例的撰稿人大部分是成果的第一完成人或品种的选育者，他们从品种特性、亲本选配、选育过程、选育理念、推广前景等方面进行分析，深入剖析这些品种的育种过程或育种技术的应用效果，为今后相关作物育种、科研和教学单位提供有益的经验和切实的指导作用。通过本教材的学习，读者可全面了解作物品种的选育过程，学会应用作物育种学基本原理和方法解决育种实践中的问题，提高理论联系实际的能力。

编　者

2015 年 12 月

前言

目　　录

第一章　绪　　论

现代作物育种工作是在一定的科学理论指导下进行的有计划、有目的的科学实践活动。从其遗传学本质来说，作物育种学是改变作物遗传特性以提高其经济性状的艺术与科学；从其性质来说，作物育种学是一门人工选择（artificial selection）与自然选择（natural selection）相结合的人工进化（artificial evolution）的科学。

农业生产的一个最大特点是采用现代高产、优质、稳产的优良品种（improved variety）。从作物的生产构成成本来看，优良品种的成本投入只占农业生产总投入的 5%～10%；而在农业生产的贡献因素（水、肥料、农药和品种）中，优良品种的贡献占 30%～60%，且越发达区域，优良品种的贡献越大，如在美国的玉米生产中，优良品种的贡献达到 80%以上；而在中国，平均只有 30%左右。

预计到 2030 年，中国的粮食单产要在现有基础上提高 40%～50%，即每年粮食单产要增加 2%～2.5%，才能满足中国消费者对粮食的基本需求（7.2 亿 t），这对作物育种工作来说是一个很大的挑战。

作物育种工作总体来说是一个人工创造变异、选择变异、稳定变异的过程。其中变异是选择的基础，遗传是选择的保证，选择是淘汰不良变异、积累优良变异的手段。

现代作物育种工作中的每一项活动都有坚实的科学基础。遗传学揭示了作物性状的遗传变异规律，育种家可以通过基因重组创制新的遗传变异，可以通过基因突变获得新的基因，甚至可以通过操作染色体数目的变化产生新的作物。

总之，作物育种学是以进化论、遗传学为基础的综合性应用科学。此外，还涉及多门其他学科，如植物学、植物生理学、生物化学、植物病理学、农业昆虫学、农业气象学、生物统计与实验设计、分子生物学、计算机科学等。

第一节　作物育种目标

作物育种目标（breeding objective）是选育作物优良品种的设计蓝图，是对选育的优良品种应具备哪些优良性状的具体要求。作物育种工作中的一系列具体操作，如有目的地搜集作物品种资源，有计划地选择亲本和配置组合，确定选择标准、鉴定方法和培育条件等，都是围绕明确而具体的作物育种目标开展的。因此，作物育种目标的正确与否是决定作物育种工作成败的关键。

就目前我国农业生产现状而言，作物育种的总体目标包括高产、优质、稳产（抗多种生物逆境、非生物逆境和适应性广）、适宜的生育期，这也是现代农业对作物优良品种的要求。随着农业现代化的发展，作物优良品种还要能适应农业机械化作业的要求。

一、高产

高产（high yield）是现代农业对作物优良品种的基本要求，随着全球人口数量持续增加，耕地面积不断减少，培育具有高产潜力的作物优良品种将一直是作物育种的主要目标。

为了提高作物优良品种的产量潜力，作物育种工作中需要关注以下几方面的问题。

1．产量因素的合理组合

作物产量是按单位土地面积上的产品数量计算的，是由单位面积上的株数和单株产量构成的。作物种类不同，其产量构成因素也有差异，主要表现在单株产量的组成上。作物各个产量因素的乘积便构成作物理论产量。不同作物产量构成因素详见表 1-1。

表 1-1 不同作物产量构成因素（王璞，2004）

作物种类	代表作物	产量构成因素
禾谷类	水稻，小麦，玉米，高粱等	每亩穗数，每穗实粒数，粒重
豆类	大豆，绿豆等	每亩株数，每株有效荚数，每荚实粒数，粒重
薯类	山芋，马铃薯，甘薯	每亩株数，每株薯块数，单薯重
棉类	棉花	每亩株数，每株有效铃数，每铃籽棉重，衣分
油菜	油菜	每亩株数，每株有效分枝数，每分枝有效角果数，每角果粒数，粒重
烟草	烟草	每亩株数，每株叶数，单叶重
麻类	黄麻，大麻，洋麻	每亩株数，每株重，出麻率
甘蔗	甘蔗	每亩茎数，单株茎重
绿肥	苜蓿，紫云英	每亩株数，单株鲜重

在其他因素不变的条件下，提高其中的一个或两个因素，或几个因素同时提高，均可提高单位面积的作物产量水平。但是，实际上作物某些产量因素之间常呈负相关，即一个因素的提高会导致另一因素的下降。因此，作物高产的关键是各种产量因素的合理组合，从而得到产量因素的最大乘积。

在制定作物育种目标时，应在充分分析现有作物品种产量构成因素的基础上，找出决定产量的关键因素，围绕关键因素进行遗传改良，实现产量突破。例如，在北方寒冷干旱地区，小麦单位面积成穗数是决定高产的主要因素，因此要求选育耐寒性好、分蘖力强、成穗率高的多穗型品种；在温暖湿润地区，要求选育穗粒数多和穗重高的大穗型品种。在稳产的基础上要进一步高产时，可在一定穗数基础上，同步增加穗粒数和粒重，选育中间型品种。近年来，对玉米改变了过去只追求大穗、大粒的做法，选育出了紧凑型耐密植的玉米杂交种，通过提高单位面积穗数实现了产量的大幅度提高。

2. 合理的源、流、库关系

作物产量是光合同化产物转化和贮藏的结果。作物高产品种主要表现在不仅同化产物多，转运能力强，而且贮藏器官充足。这就是所谓的“源、流、库”学说，或称“源、流、库协调”学说。

源是指作物光合产物供给源或代谢源，即制造和提供养料的器官或组织，它包括作物的功能叶，绿色的茎秆、叶鞘、穗轴、芒、角果及子叶，种皮、胚乳等其他非绿色器官。对作物品种而言，其个体和群体的叶面积大，光合效率高，才能使源充足。

库是指作物产品器官的容积和接纳营养物质的器官（或能力），如作物的根、茎、幼叶、花、果实及发育的种子等，包括代谢库和贮藏库。代谢库是指大部分输入的同化产物被用来进行组织细胞的构建和呼吸消耗的器官，如生长中的根尖和幼叶等。贮藏库是指大部分输入的同化产物被用来贮藏的组织和器官，如禾谷类作物的籽粒，棉花的铃及籽棉，甜菜的块根，薯类作物的块根、块茎等。

库容量随不同作物种类而异，如禾谷类作物的库容量是指单位面积上的穗数、每穗颖花数和籽粒大小的上限值，薯类作物库容量取决于单位面积上的块茎（或块根）和薯块大小的上限值。

库接纳营养物质的贮藏能力也因作物不同而异，禾谷类作物取决于灌浆期的长短和灌浆速度的快慢。有人认为，未来实现玉米超高产目标的关键在于提高玉米灌浆期籽粒的生产潜力，灌浆期和灌浆速度必须相互补偿才能实现。

流是指作物控制养料运输的根、叶、鞘、茎中的维管束系统。其中穗颈维管束可看作源通往库的流通道。韧皮部是同化产物运输的通道，其输导组织的发达程度，是影响同化产物运输的重要因素。

从源与库的关系看，源是产量库形成和充实的物质基础。从源、库与流的关系看，库、源大小对流的方向、速率、数量都有明显的影响，起着“拉力”和“推力”的作用。源、流、库在作物代谢活动和产量形成中构成统一的整体，三者的平衡发展状况决定作物产量的高低。

目前稻麦等作物的一些矮秆品种一般比高秆品种高产，其原因之一就在于矮秆品种的同化产物转运分配到穗部的比例大，收获指数高，如水稻高秆品种的谷草比为1∶（1.2～1.5）；矮秆品种的谷草比为1∶（0.8～1.0）。总之，作物同化产物的运输和分配对作物产量高低的影响是很大的。

3. 理想株型

作物株型一般分为叶型、茎型、穗型和根型等。叶型和茎型明显影响田间作物群体结构状况和小气候，进而影响作物产量，因此作物育种家对株型的观测着重于作物的叶型和茎型。例如，玉米从株型上可分成两大类型，平展型玉米和紧凑型玉米。平展型玉米，叶片平展，外伸广阔，每个单株都占据了较大的面积，一般种植密度在 3000～3500 株/亩①，其中下部叶片尚能得到足够的光照，保证可正常生长发育至成熟，最高产量可达到 600kg/亩。如果进一步增加种植密度，会导致中下部叶片受光不足，光合作用效能降低，总产量不但不会增加，反而还要降低。紧凑型玉米，株型十分紧凑，上部叶片向上挺举，中下部叶片较平展，单株所占面积比平展型玉米小，种植密度可达 4000～4500 株/亩，有的甚至达到 6000～7000 株/亩以上，而单株产量不比平展型玉米差，从而保证了玉米的产量。李登海在近 1hm^2 试验地上种植‘掖单 12 号’、‘掖单 13 号’两个紧凑型玉米品种，经验收亩产为 1008kg，创造了中国夏玉米的最高产量。可见，株型的不同对作物产量至关重要。

株型改良的一个重要内容和主要突破口是矮化育种。株高过高的作物品种在群体密度较大时会因肥水较高而发生倒伏。倒伏常带来严重的后果，包括降低产量、降低品质、影响机械收获等。与高秆品种相比，矮秆品种表现出较强的抗倒伏能力，可加大作物种植密度，增加单位面积株数，提高肥料利用效率，而且矮秆品种的经济系数较高，往往具有更高的产量潜力。但是，矮化不是越矮越好，需要通过研究确定适宜的株高。近年来，作物矮化育种的结果使得水稻品种的株高降到 90～100cm，小麦品种的株高降到 70～90cm，玉米品种的株高降到 120～150cm，高粱品种的株高降到 120～160cm 等。

理想株型是高产品种的形态特征。尽管不同作物所要求的理想株型不完全相同，但多涉及株高、叶形、叶姿、叶色、叶片的分布及分蘖和主茎的关系、穗子的长相等。理想株型育种的目的是把理想的性状结合在一个植株上，以获得最有效的光能利用率和最大限度的光合产物转运和贮藏能力。禾谷类作物的理想株型是矮秆、半矮秆，株型紧凑，叶片挺直、窄短，叶色较深等。棉花的理想株型是株型紧凑，主茎和果枝的节间短，果枝与主茎的角度小，叶片大小适中，着生直立等。

自 Donald（1968）提出理想株型概念后，国内外许多学者探讨了不同作物的

---

① 1 亩≈666.67m^2

理想株型及株型指标。研究表明，茎型，即节间长度及其空间分布直接影响叶片的空间分布和作物的抗倒伏能力。20世纪中期，“绿色革命”利用“矮化基因”使得小麦耐肥、抗倒伏性增加，植株矮化，产量潜力大幅度提高。但在降低株高的同时，冠层内叶片的空间分布被压缩，叶面积密度增大，群体通风透光不畅，易发病虫害，进而造成减产。国内外学者对小麦株型指标及其与基因型、环境的关系进行了广泛深入的研究。与此同时，叶型，即叶片形态及其空间分布也备受关注。研究表明，叶面积、叶倾角及其垂直分布是影响冠层光分布的重要因素，因此叶型成为表征冠层结构与功能的重要指标（张文宇等，2012）。

国际水稻研究所推出具有理想株型，可发挥较大经济、社会和生态效益的水稻品种。该品种具有以下优点：一是具有理想株型。①分蘖少，只有 6～10 个分蘖，但都是有效分蘖，且穗大，每穗籽粒 200～250 粒；②茎秆粗壮坚硬，根系发达，可支持和承重，不易倒伏；③叶片厚而挺拔，叶色深绿，可充分吸收和利用阳光，叶片的光合作用效率比高产品种‘国际稻 IR72’高 10%～15%。二是稻株生物量和谷草比高。稻株生物量达 21t/hm^2，其中 60%为稻谷，40%为稻草；而传统水稻品种的生物量仅为 10t/hm^2，其中 3t 为稻谷，7t 为稻草；现代高产水稻品种的生物量也只有 20t/hm^2，其中稻谷和稻草各 10t，谷草比为 50∶50。三是稻谷单产高。单产高达 12.5t/hm^2，在相同的土、肥、水条件下，比高产水稻品种的产量 10t/hm^2 高出 25%。若普遍种植，可使水稻年产增加 1 亿 t 以上。按照以稻米为主食的亚洲国家人年均消费 200kg 计算，这部分增产的稻米至少可为 4.5 亿人提供年需口粮。四是适于密植，株冠繁茂（汪开治，1996）。

4. 高光效

作物一生所形成的全部干物质中，90%～95%是由光合作用通过碳素同化过程所生产的，而通过吸收土壤中各种养分所构成的干物质只占 5%～10%。从生理学上分析，作物的产量可分解为：经济产量=生物产量×收获指数=净光合产物×收获指数=（光合强度×光合面积×光合时间－呼吸消耗）×收获指数。由此可见，从光效率角度来看，光合作用的面积、能力（强度）、时间和光合产物的消耗 4 个方面是决定作物产量的主要因素。高产作物品种应该具有光合能力较高、呼吸消耗较低、光合机能保持时间长、叶面积指数大和收获指数高等特点。

20 世纪 60 年代的“绿色革命”时期，主要粮食作物小麦和水稻的矮秆和半矮秆品种选育，为解决当时的粮食安全问题作出了很大的贡献。作物矮化育种使作物群体的叶面积指数和收获指数有了很大提高，再继续提高潜力的可能性不大。而且随着群体加大，叶面积指数增加，作物群体郁蔽，茎秆细弱，会发生倒伏，并易受病虫害侵染。虽然通过提高叶面积指数和收获指数还可使产量有所提高，但潜力似乎已经不大了。因此，作物品种的进一步遗传改良应以提高光能利用率作为主攻方向。

目前农作物的光能利用率还很低，一般只有1%～2%或以下。据估算，小麦、水稻的光能利用率如提高到2.4%～2.6%，亩产可达1000kg；玉米的光能利用率如提高到5%，亩产可达1600～2000kg。所以，通过提高农作物的光能利用率来提高农作物产量的潜力是很大的。作物高光效品种应具有光合强度高、光补偿点低、二氧化碳补偿点低、光呼吸消耗少、光合产物转运率高、对光不敏感等生理特征，以及有利于光能利用的形态特征，如叶片上举、着生位置合理、相互遮光少、色深、绿叶时间长等。

二、优质

随着农业现代化的进展和人民生活水平的日益提高，消费者要求新育成的作物品种应具有更好、更全面的产品品质，所以高产是要求保证一定品质基础的。

作物品质是一个综合的概念，是指作物的某一部位以某种方式生产某种产品或作某种用途时，人类或市场对它们提出的要求，它们在加工或使用过程中所表现的各种性能，以及人类在食用或使用时人体感觉器官对它们的反应。作物品质通常是指作物产品对人类要求的适合程度，也就是人们常说的对“最终产品（end use)”的适合程度。适合程度好的品种称为优质品种。因此，谈到作物品质，是和具体的产品分不开的。

无论是从满足国内人民消费需要，提高人民营养水平来说，还是从扩大我国贸易出口来说，注重作物品质遗传改良是提高我国农作物生产优势和商品优势的重要途径之一。一个作物品种，如果其产品品质达不到消费者的要求，即使产量再高，也会成为其从生产优势向商品优势转化的重大障碍。因此，选育高产、优质、多抗的作物新品种是作物育种永恒的主题。

人们对农作物产品的品质要求是多样化的。例如，小麦分为优质强筋专用小麦（要求较高的蛋白质、干面筋和湿面筋含量，较强的面筋强度)、优质中筋专用小麦和优质弱筋专用小麦（要求较低的蛋白质、干面筋和湿面筋含量，较弱的面筋强度）三大类；玉米分为优质饲料专用玉米、淀粉发酵工业专用玉米、爆裂专用玉米、高油玉米、糯玉米、甜玉米等；大麦可分为啤酒大麦、饲用大麦、食用大麦（含食品加工）三种类型；大豆分为高蛋白大豆和高油大豆，高蛋白大豆主要用于食用，高油大豆主要用于榨油。因此，作物品质是多方面的、比较复杂的性状。

三、稳产

作物在生产过程中常常会受到各种不利环境条件的影响，导致产量和品质的不稳定。这些逆境条件可分为病虫害威胁导致的生物逆境和不良土壤、气候条件引起的非生物逆境。

尽管可以通过施用农药控制作物病虫危害，但防止作物病虫害最经济、安全、有效的措施是使用抗病虫品种。

作物稳产性的另一个表现是广泛的适应性。适应性是指作物品种对不同生产环境的适应范围及程度。一般适应性强的作物品种不仅种植地区广泛、推广面积大，而且可在不同年份和地区间保持产量稳定。作物育种中对适应性的选择多采用“穿梭育种”、“异地选择”等方法。广适性作物品种一般都对日照长度不敏感，对温度的适应范围较宽。

四、适宜的生育期

不同地区的光温条件、栽培制度不同，对作物生育期的要求各异。理想的作物品种既要能充分利用当地生长期的光温资源，获得高产，又要能满足复种需要，还要能避免或减轻某些自然灾害的危害，也就是要充分考虑作物品种的最适生育期。

在很多情况下，适当早熟是我国许多地区高产、稳产的重要条件。尤其是随着某些作物的向北推移及耕作制度的发展变化，要求选育生育期短的作物品种。例如，我国高纬度的东北、西北地区的北部及某些丘陵地区，无霜期短，有的地方（如黑龙江、吉林、内蒙古）还有周期性的低温冷害，迫切要求选育生育期短的作物品种；华北、黄淮平原地区为了提高复种指数，也需要早熟作物品种，以便倒茬和复种。

作物早熟还有利于避免或减轻某些自然灾害的危害，如北方广大麦区，在小麦灌浆、成熟期间常遇到干热风，使小麦青干，粒重降低而减产，品质变劣，选用早熟品种，可避免或减轻其危害；在南、北方的某些地区，9～10月秋雨连绵，常使棉花烂铃，玉米烂穗，选用早熟的棉花、玉米品种，便可防止或减轻其危害；在西北旱塬地区，早熟的玉米杂交种由于抽雄、授粉早，可避免“伏旱晒花”的威胁等。

五、适应农业机械化要求

为了发展现代农业，提高农业劳动生产率，实现农业机械化是必由之路。机械化栽培管理对作物性状有特殊的要求，因此在制定作物育种目标时要充分考虑选育满足和适应机械化要求的作物新品种。

适应农业机械化要求的作物品种应该是株型紧凑。对禾谷类作物而言，株高一致，秆硬不倒，生长整齐，成熟一致，穗部位整齐适中；对棉花而言，不“脱裤腿”，不打尖，不去杈，铃部位集中，棉花成熟时苞叶自然脱落，含絮力不太强等；对大豆来说，荚部位集中，不裂荚，不落粒；对块根（甘薯）和块茎（马铃薯）作物而言，要求块根或块茎集中。

第二节　主要作物育种成就

现代作物育种学是在孟德尔遗传规律被重新发现以后建立起来的应用科学。现代作物育种学在100多年的发展过程中，在主要作物品种选育上取得了很大成就。

一、矮秆、耐肥、高产作物品种的培育和推广

20世纪中期，一些发达国家和墨西哥、菲律宾、印度、巴基斯坦等许多发展中国家开展利用“矮化基因（dwarfing gene）”培育和推广以矮秆、半矮秆、耐肥、抗倒伏的高产水稻、小麦、玉米等新品种为主要内容的育种工作，其目标是解决发展中国家的粮食问题。当时有人认为这些育种成就对世界农业生产产生了深远的影响，犹如18世纪蒸汽机在欧洲所引起的产业革命一样，故称之为“第一次绿色革命（the first green revolution）”。

在绿色革命中，有两个国际研究机构作出了突出贡献。一个是国际玉米和小麦改良中心（The Centro Internacional de Mejoramientode Maizy Trigo，CIMMYT），以诺贝尔和平奖获得者布劳格为代表的小麦育种家，利用具有日本‘农林10号’矮化基因（*Rht-B1* 和 *Rht-D1*）的品系，与抗锈病的墨西哥小麦进行杂交，育成了30多个矮秆（dwarf）、半矮秆（semi-dwarf）小麦品种，其中有些品种的株高只有40～50cm，同时具有抗倒伏、抗锈病、高产的突出优点。另一个是国际水稻研究所（International Rice Research Institute，IRRI），该所成功地将我国台湾省‘低脚乌尖（dee-geo-wu-gen）’品种所具有的矮秆基因导入高产的印度尼西亚品种‘皮泰’中，培育出第一个半矮秆、高产、耐肥、抗倒伏、穗大、粒多的奇迹稻‘国际稻8号’（IR8）品种。此后，又相继培育出‘国际稻’系列（IR）良种，并在抗病害、适应性等方面有了改进，上述品种在发展中国家迅速推广开来，并产生了巨大效益。墨西哥从1960年推广矮秆小麦，短短3年间达到了小麦总种植面积的35%，总产接近200万t，比1944年提高5倍，并部分出口。印度实施绿色革命发展战略，1966年从墨西哥引进高产小麦品种，同时增加了化肥、灌溉、农机等投入，至1980年促使粮食总产量从7235万t增至15 237万t，由粮食进口国变为出口国。菲律宾从1966年起结合水稻高产品种的推广，采取了增加投资、兴修

水利等一系列措施，于1966年实现了大米自给。在推广绿色革命的11个国家中，水稻单产20世纪80年代末比70年代初提高了63%，解决了发展中国家粮食自给问题。

绿色革命在某些国家推广后，曾使粮食产量显著增长。此后不久，就逐渐暴露出了其局限性，主要是它导致化肥、农药大量使用和土壤退化。20世纪90年代初，又发现其高产谷物中矿物质和维生素含量很低，用作粮食时常因维生素和矿物质缺乏而削弱了人们抵御传染病和从事体力劳动的能力，最终使一个国家的劳动生产率降低，经济的持续发展受阻。由此有人提出了“第二次绿色革命”的设想，主要目的在于运用国际力量，为发展中国家培育既高产又富含维生素和矿物质的作物新品种。迄今，已发现一种既高产又能从贫瘠土地中吸收锌并将其富集于种子中的小麦种质；一种富含β-胡萝卜素（维生素A的前体）的木薯种质。

针对发展中国家存在的儿童蛋白质-能量营养不良症（protein-energy malnutrition），一项旨在提高粮食作物中微量营养元素含量的国际计划——粮食作物强化（HarvestPlus）（提高粮食作物微量营养元素含量，进而改善人体微量营养元素的摄入量，这种新的营养补充途径被称为生物强化）在全球启动，国际HarvestPlus第一阶段的目标集中在水稻、小麦、玉米、木薯、甘薯、大豆等作物上，目标元素为铁、锌等；第二阶段将扩大到大麦、香蕉、高粱、花生、土豆等作物上面。2004年HarvestPlus-China项目在中国设立，由此推动了我国高维生素A源玉米育种及利用、高铁锌小麦选育、铁富集水稻新品种选育和高类胡萝卜素甘薯品种选育等工作。

二、杂交水稻的选育与推广

早在1926年，美国Jones就首先提出水稻存在杂种优势。之后印度的Kadem、马来西亚的Broun、巴基斯坦的Lim、日本的冈田子宽都提出过水稻杂种优势，但都未成功实现。水稻杂种优势首次成功实现是由美国人Henry Beachell在1963年于印度尼西亚完成的，Henry Beachell并由此获得1996年的世界粮食奖。由于Henry Beachell的设想和方案存在着某些缺陷，其杂交稻无法进行大规模的推广。1968年日本新城长友培育出‘65A’不育系，并实现粳稻“三系”配套，但未能在生产上应用。之后美国、印度、菲律宾等国家也相继开展此项研究，但都未能完成“三系”配套。

自1970年袁隆平、李必湖发现野败后，我国培育了‘珍汕97A’不育系，成功完成籼稻“三系”配套和粳稻“三系”配套，并首次在世界上大规模推广自花授粉作物的杂交种。自20世纪70年代我国大面积推广杂交水稻以来，杂交水稻的种植面积占水稻总面积的比例从1976年的0.14%增加到现在的50%，我国这一巨大成就的取得，受到了国际上的高度评价，被誉为农业上的又一次绿色革命。

从杂交水稻自1979年首次走出国门，在美国开花结果开始，截至2009年年底全球已有东南亚、南亚、南美洲、非洲的30多个国家和地区研究或引种杂交水稻，国外杂交水稻种植面积已达3000多万亩。杂交水稻不仅解决了中国人的吃饭问题，还为世界减少饥饿人群作出了卓越的贡献。

由于对世界粮食生产的贡献，袁隆平相继获得联合国教科文组织科学奖、美国“世界粮食奖”、以色列“沃尔夫奖”、联合国粮食及农业组织“世界粮食安全保障奖”等多项世界奖项，并荣获美国科学院外籍院士荣誉。国际同行称他为“杂交水稻之父”。

20世纪80年代，袁隆平完善了杂交水稻发展“三步走”的研究设想，即在制种方法上由“三系”到“两系”再到“一系”，在优势水平上由品种间到亚种间再到远缘杂种优势利用。1995年，“两系”法杂交水稻研究在中国宣告成功，第二年开始大面积推广，平均产量比“三系”增长了5%～10%。

1987年7月16日，李必湖的助手邓华凤在安江农校籼稻“三系”育种材料中找到一株光敏核不育水稻，不育株率和不育度都达到了100%，不育期时间长，育性转换明显、同步，命名为“安农S-1光敏不育系”。之后，由于广亲和基因和光（温）敏核不育基因的相继发现和对其进行研究，促使两系法亚种间杂交水稻培育成功。利用广亲和基因，使籼粳杂种优势利用成为可能，有效地解决了过去一直不能解决的籼粳杂交结实率低的问题；利用光敏核不育材料培育成光敏核不育系，使杂交水稻由“三系”变为“两系”。

水稻杂种优势利用从“两系”到“一系”需要水稻具有无融合生殖特性。如果发现一个杂种优势比较强的杂交组合，就可以通过种子的无融合生殖获得具有与母本一样基因型的后代群体，而不再需要“三系”或“两系”来生产杂交种。

在水稻“两系”法成功后不久，袁隆平又提出了超级杂交稻分阶段实施的战略目标：把塑造优良的株叶型与杂种优势有机结合起来，提出了旨在提高光合作用效率的超高产杂交水稻选育技术路线。目标是第一期（1996～2000年）亩产700kg，第二期（2001～2005年）亩产800kg，第三期（2006～2010年）亩产900kg。2012年9月24日，国家杂交水稻工程技术研究中心表示，由袁隆平院士领衔的“超级杂交稻第三期亩产900kg攻关”通过现场测产验收，以百亩片加权平均亩产917.72kg的成绩突破第三期攻关目标。

1976年以来，杂交水稻被推广至世界各地大面积种植，为世界粮食安全作出突出贡献。

中国是杂交水稻的最大受益国，每年杂交水稻推广面积为1533万～1600万hm^2，约占全部水稻面积的50%，而产量占水稻产量的60%。1995年中国稻谷产量1.8亿t，杂交水稻产量超过1亿t。1976～1996年，全国水稻累计种植面积超过2亿hm^2，增产粮食近3亿t，相当于扩大了近5000万hm^2的水稻种植面积。

从 1995 年开始，菲律宾把发展杂交水稻作为解决粮食问题和发展经济的战略决策来抓。2005 年杂交水稻种植面积达 37 万 hm^2，平均每公顷 6.5t，比其全国水稻平均单产高 80%。2008 年，菲律宾政府为了实现稻米自给 92.8%的目标，把杂交稻种植计划从 40 万 hm^2 提高到 50 万 hm^2。

印度尼西亚多年粮食不能自给，是世界最大的大米进口国。2001 年，首批中国杂交稻在印度尼西亚 5 个省 10 个试验点展开，单产普遍达到每公顷 8t 以上，最高达 12t，而原来的常规水稻每公顷只有 4.5t。

马来西亚稻米产量多年来增长缓慢，造成大米短缺，自给率只有 60%左右，每年需花费巨额外汇进口大米。引进“超级杂交水稻”为马来西亚实现稻米自给带来了希望。

三、杂交玉米的推广利用

玉米是第一个在生产中大规模利用杂种优势的作物。杂交玉米的创造者 East、Shull 和 Jones 为杂交玉米的推广利用作出了巨大贡献。

1906～1908 年，East 和 Shull 不谋而合地进行了玉米自交和杂交试验，发现把不同的自交系进行杂交，杂种却产生了意想不到的、简直是暴发式的生长势和产量优势。在此后的 10 年间，East、Shull 和他的同事 Hance 等虽然不断培育出新的自交系，但对如何提高母本自交系的产量却一直没有任何突破。所有研究杂交玉米生产的科学家都被这个难题困扰，他们绞尽脑汁，煞费苦心，始终一筹莫展。

这一难题最终被 East 的学生 Jones 解决了。1917～1918 年，Jones 进行了玉米双交试验，发现无论从植株的长势还是从秋天的收成来看，都得到了令人满意的答案。双交种比起单交种来一点也不逊色。1921 年推荐了第一个生产用的双交种‘磨石-黎明’，它是由 4 个亲本（即 4 个自交系）合成的。1920～1925 年，Wallace 培育出有名的玉米双交种‘Copper Cross’，并于 1924 年获玉米推广金奖。

自 1921 年 Jones 培育出第一个玉米双交种开始，到 1933 年正式推广玉米双交种，这十余年间美国玉米产量并没有显著增长。20 世纪 30 年代中期，杂交玉米在美国玉米总种植面积中只占 1%，但到 1959 年，美国已有 94.9%的玉米种植面积为杂交玉米（表 1-2）。

表 1-2 美国杂交玉米种植情况 （单位：%）

	1933 年	1938 年	1942 年	1947 年	1959 年
艾奥瓦州	1		98		
堪萨斯州		3		75	
得克萨斯州				24	
肯塔基州			5	75	
美国	0.1				94.9

我国真正利用玉米杂种优势是在20世纪50年代后期至60年代，现在推广面积已达90%以上。

中国农业大学许启凤教授培育的‘农大108’是2002年获得国家科学技术进步奖一等奖的玉米杂交种，因其出色的适应性、抗逆性和稳产性而在全国得到广泛的种植，2000～2004年成为我国玉米的主栽品种，最大年推广面积达5000万亩；2000年审定的紧凑型玉米杂交种‘郑单958’，自2004年以来成为我国玉米种植面积最大的品种，连续入选和被农业部发布为主导品种，并获得2007年国家科学技术进步奖一等奖。至2014年，‘郑单958’年推广面积已达7000万亩，成为我国自主培育的继‘农大108’后又一高产、优质玉米杂交种。

四、抗虫棉的推广利用

20世纪80年代，棉铃虫的为害对世界的棉花生产造成很大影响，国内外相继开展了转基因抗虫棉的研究。到目前为止，中国、美国、澳大利亚等国已在生产中大面积推广抗虫棉，抗虫棉研究取得重大进展。

1981年，美国Schnepf和Whiteley等首次从苏云金芽孢杆菌（*Bacillus thuringensis* subsp. *kurstaki*）中分离并克隆了*Bt*基因。美国Agrocetus公司克隆了与δ-内毒素有关的片段，利用农杆菌介导法首次将其导入棉花中，使棉株能形成自身的杀虫蛋白。1988年美国Monsanto获得改造后的*Bt*基因转基因抗虫棉，1989年温室鉴定杀虫效果良好，1990～1992年的大田试验结果表明，转*Bt*基因抗虫棉治虫效果很好，1995年正式申请并通过美国国家环境保护局的批准登记，1996年正式开始大面积商品化种植。1998年将*HXN*基因与*Bt*基因同时转入一个品种中，得到了既抗虫又抗除草剂的棉花品种，1999年得到了双价转基因抗虫棉。到目前为止，美国岱字棉国际技术公司已在世界上十多个主产棉国推广和种植其转基因棉花，包括中国、澳大利亚、南非、津巴布韦、墨西哥和印度等。

20世纪90年代前期，我国发生大面积棉铃虫灾害，一些棉区的棉花亩产降幅达80%。正是从那时，我国开始种植国外的转基因抗虫棉品种。

我国转基因抗虫棉的培育起步较晚，但发展很快。目前我国已成为世界上第二个拥有*Bt*杀虫基因自主知识产权和自主培育转基因抗虫棉新品种的国家。在转基因重大专项的支持下，2008～2009年新培育并审定转基因抗虫棉品种28个，推广面积达1.12亿亩，2008年国产抗虫棉市场份额达到90%（图1-1），2009年达到93%，净增效益130亿元，减少农药用量5.6万t。2011年和2014年，国产抗虫棉市场份额分别达到95%和99%，彻底摆脱了美国抗虫棉的垄断（图1-1）。

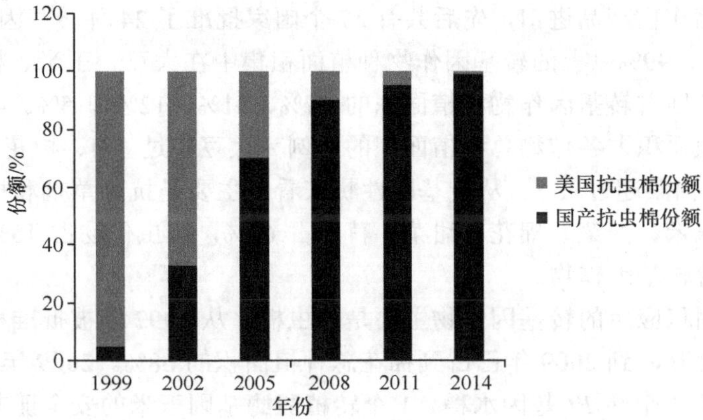

图 1-1 中美抗虫棉份额变化图

五、作物育种方法和技术的综合应用

目前，我国推广的大部分农作物品种均用常规育种方法培育而成，随着作物育种中特殊材料的发现及生物技术在现代农业生产中的应用，越来越多的作物品种选育过程将涉及分子育种和分子设计育种的理念。

不同作物雄性不育性的发现及对其研究的深入，为自花授粉作物和常异花授粉作物杂种优势利用创造了条件。到目前为止，已在几十种大田作物和蔬菜上成功利用了杂种优势。其中，我国杂交水稻、杂交油菜的选育和推广已处于国际领先地位。

通过远缘杂交结合细胞学鉴定可创造新物种，如小黑麦、八倍体小偃麦、小麦及其近缘物种的异附加系、异代换系、易位系等育种材料。一些易位系材料在作物育种中发挥了重要作用，如小麦与黑麦之间的 1BL/1RS 易位系在国内外小麦育种中得到了广泛应用，衍生了大批新品种。

作物有性杂交结合花药培养是缩短育种年限的有效方法，到目前为止，已在 250 多种高等植物中获得成功应用，其中小麦、玉米、大豆、甘蔗、橡胶等近 50 种植物的花粉再生植株由我国科技人员在国际上首先培育成功，并培育出小麦、水稻、烟草等作物的多个花培品种，已在生产中大面积推广应用。

诱变结合育种后代选择是提高变异率的有效方法之一，也是培育作物新品种和创造变异的方法。截至 2009 年，我国在 45 种植物上培育出的突变品种有 800 多个。诱变育种已成为提高农业经济效益的重要手段之一。

转基因技术给作物育种开辟了一条崭新的途径。在全世界范围内，转基因作物种植面积从 1996 年首次商业化种植的 170 万 hm^2 增加到 2009 年的 1.34 亿 hm^2，增长了近 80 倍，种植转基因作物的国家从 6 个增加到 25 个。此外，还有 32 个国家许可转基因作物产品进口，先后共有 57 个国家批准了 24 种转基因作物的应用。截至 2009 年，99%以上的转基因作物种植面积集中在大豆、玉米、棉花和油菜 4 种作物上，分别占转基因作物种植面积的 52%、31%、12%和 5%。4 种作物的转基因品种种植面积占各作物总种植面积的比例为大豆超过 3/4、棉花超过 1/2、玉米超过 1/4、油菜超过 1/5。从转基因性状来看，主要是抗除草剂和抗虫。抗除草剂的大豆、玉米、油菜、棉花、甜菜、苜蓿占 62%，抗虫作物占 15%，其他 21%是双价或三价转基因作物。

我国大面积应用的转基因作物主要是抗虫棉，从 1997 年被批准种植以来，种植面积不断上升，到 2009 年已占到棉花总种植面积的 68%。2009 年 11 月 27 日，农业部批准了 2 个转 *Bt* 基因水稻、1 个转植酸酶基因玉米的安全证书，为转基因主粮作物的商业化应用奠定了基础。

第三节　主要作物育种展望

随着人口迅速膨胀，耕地面积逐年减少，粮食增长日趋缓慢，自然灾害频繁发生，饥饿危机与日俱增，21 世纪粮食安全问题已成为国际社会关注的热点。根据联合国可持续发展首脑会议消息，到 2030 年世界人口将增加到 80 亿，粮食需求量将比现在增加 60%；我国人口将增至 16 亿，粮食需求量将由现在的 4.9 亿 t 左右增加到 6.4 亿～7.2 亿 t，净增 1.5 亿～2.3 亿 t。粮食增加量的 70%需依赖单产的提高，所以作物育种需在以下几个方面深入开展工作。

一、进一步加强作物种质资源工作

除继续收集国内外作物种质资源并加以妥善保存外，还需要有计划地对已有作物种质资源进行更全面、系统地鉴定，筛选出具备优异性状的材料，研究性状的遗传特点。同时，在已有资源的基础上，进一步创造出便于作物育种利用的新种质。

二、积极开展作物育种理论与方法的研究

为使作物育种工作更有预见性，国家在长远发展规划中加强了对作物品种设计、种质创新、重要基因挖掘、育种新技术、新品种选育等工作，特别是产量、抗性、品质、杂种优势等方面的分子生物学基础研究。加强作物常规育种技术与分子育种和分子设计育种的结合。

三、加强育种单位间的协作

作物育种的主要工作内容是选择产量、品质、抗逆和抗病虫等性状，这些性状的表现除与基因型有关外，还与环境互作有很大关系。除此之外，不同地区之间，由于生态条件、生产水平和经济条件不同，需要的作物品种类型也不相同。因此加强育种单位间的协作，一方面可以广泛开展作物育种材料、技术的交流，联合开展作物育种材料的鉴定，另一方面有助于充分利用可能的遗传变异，促进作物育种工作的发展。

任何一个在生产上发挥重大作用的作物品种都凝聚着育种家多年的劳动，其成功经验值得借鉴。自新中国成立 60 多年来，中国粮食产量大约按 1.5%的增长速度递增。在未来的二三十年时间里，只有我国粮食的单位面积产量增加 50%，主要作物品种更新 4～5 次，才有可能满足到 2030 年中国需要 7.2 亿 t 粮食的基本需求。在作物育种过程中，通过对主要作物育种成功案例进行深入分析来积累经验，提高作物育种效率，更好地为解决我国的粮食安全问题服务。

主要参考文献

潘家驹. 1994. 作物育种学总论. 北京：中国农业出版社.

孙其信. 2011. 作物育种学. 北京：高等教育出版社.

汪开治. 1996. 国际水稻所将推出理想株型水稻新品种.中国农技推广, 4: 26.

王璞. 2004. 农作物概论. 北京. 中国农业大学出版社: 30-32.

张天真. 2003. 作物育种学概论. 北京：中国农业出版社.

张文宇, 汤亮, 姚鑫锋, 等. 2012. 基于过程的小麦株型指标动态模拟. 中国农业科学, 45(12): 2364-2374.

Chahal G S, Gosal S S. 2002. Principles and Procedures of Plant Breeding. Pangbourne: Alpha Science International Ltd.

Donald C M. 1968. The breeding of crop ideotypes. Euphytica. 17(3): 385-403.

第二章　作物育种群体及遗传分析群体

在作物长期进化的过程中，形成了有性繁殖和无性繁殖两种主要繁殖方式。其中大多数作物采用有性繁殖，通过种子繁殖后代。由于作物花器官构造特点、开花习性和授粉方式不同，育种群体结构的相应变化各异。深入了解不同授粉方式下作物的遗传规律和群体特点，对有效开展作物育种工作具有重要指导意义。

第一节　作物育种群体

作物繁殖方式不同，其遗传特征和群体遗传组成随之而异。根据群体遗传组成，作物育种群体一般可分为纯系（自交系）品种、杂交种品种、群体品种和无性系品种，不同品种类型的育种方法和选择方法也有所不同。

一、纯系（自交系）品种

纯系品种（pure line variety）是指群体中个体基因型纯合、群体同质的品种类型，即亲本纯合基因型后代植株大于 87%，是对突变或杂合基因型进行连续多代的自交加选择而得到的同质纯合群体，包括自花授粉作物的纯系品种、常异花授粉作物的纯系品种和异花授粉作物的自交系等。我国生产上种植的自花授粉作物（如小麦、大麦、大豆、花生等）和常异花授粉作物（如棉花、高粱等）的纯系品种都属于这一类型。异花授粉作物经多代强迫自交加选择而得到的纯系，如玉米的自交系也属于这一类型群体。

自花授粉作物纯系品种主要通过选择育种、杂交育种、回交育种、远缘杂交、诱变育种和单倍体育种等方法，加上人工选择培育而成。

常异花授粉作物纯系品种的育种方法基本上与自花授粉作物相同。值得注意的是，在杂交育种时，应对亲本进行必要的自交纯化和选择，以提高杂交育种的成效。

异花授粉作物自交系则需在严格的隔离条件下经多代强迫自交加选择而得到。在利用自交系配制杂交种和进行繁育时应特别注意严格隔离，防止生物学混杂，以保持品种和自交系的纯度。

无论自花授粉作物和常异花授粉作物的纯系品种，还是异花授粉作物的自交系，均要具备优良的农艺性状，如高产、优质、抗病虫、抗逆境、抗倒伏、生态适应性等。因此，要拓宽育种资源，采用不同育种方法，使基因发生重组和突变，扩大性状变异范围，并在性状分离的后代大群体中进行单株选择，选育出具有较多优良性状基因的品种。可见，创造丰富的遗传变异和在性状分离的大群体中进行单株选择是自交系品种育种的一个重要特点。

纯系（自交系）品种群体由于采取了自交（自花授粉作物和常异花授粉作物）和强迫自交（异花授粉作物），导致作物品种各个体基因型基本纯合，遗传性状稳定，性状表现较一致。

1. 自交的遗传效应

自交的遗传效应主要有：杂合体后代基因分离，后代群体的遗传组成迅速趋于纯合；淘汰有害隐性纯合体，改良群体的遗传组成；获取不同纯合基因型，保证品种的纯度和物种的相对稳定性。

（1）杂合基因型的纯合

2 个基因型纯合的亲本杂交，F_1 中 100%为杂合体。以后随着自交代数的增加，杂合体逐步减少，纯合体逐步增多（图 2-1）。

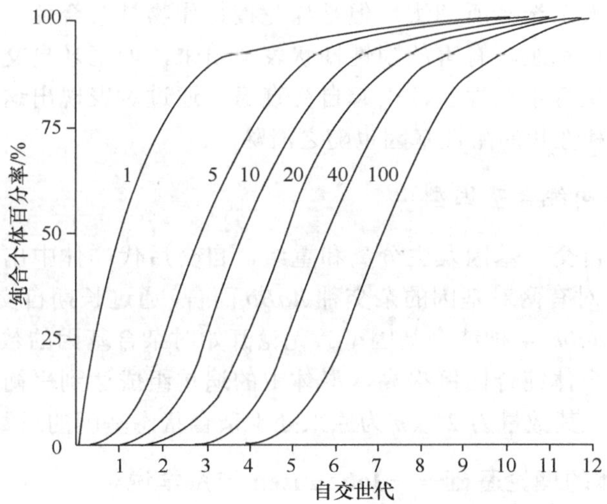

图 2-1　回交导致基因纯合体增加速度

以一对等位基因为例（A 和 a），F_1（Aa）自交产生 F_2，F_2 群体的遗传组成为：$1/4AA+1/2Aa+1/4aa$，其中纯合体（AA 和 aa）和杂合体（Aa）各占 1/2。若继续自交，杂合的个体又产生 1/2 纯合的后代，而纯合的个体只能产生纯合的后代。这样每自交一代，杂合体减少 1/2，纯合体增加 1/2。

若以 H_n 和 M_n 分别代表群体中杂合体和纯合体的比例，则自交 n 代（F_{n+1}）后，杂合体比例为 $H_n=(1/2)^n$；纯合体比例为 $M_n=1-H_n=1-(1/2)^n$，其中 AA 和 aa 基因型各占一半，即 $1/2[1-(1/2^n)]=(2^n-1)/2^{n+1}$（表 2-1）。

表 2-1　一对杂合基因（Aa）连续自交后后代基因型的频率和基因频率的变化

自交代数	基因型频率			杂合体（Aa）比例	纯合体（AA 和 aa）比例	基因频率	
	AA	Aa	aa			A	a
0（F_1）	0	1	0	1	0	1/2	1/2
1（F_2）	1/4	1/2	1/4	1/2	1/2	1/2	1/2
2（F_3）	3/8	1/4	3/8	1/4	3/4	1/2	1/2
3（F_4）	7/16	1/8	7/16	1/8	7/8	1/2	1/2
⋮	⋮	⋮	⋮	⋮	⋮	⋮	⋮
n（F_{n+1}）	$(2^n-1)/2^{n+1}$	$1/2^n$	$(2^n-1)/2^{n+1}$	$1/2^n$	$1-1/2^n$	1/2	1/2

（2）淘汰有害隐性纯合体

杂合体通过自交，导致等位基因纯合，隐性有害性状表现出来，从而被淘汰，使群体的遗传组成得到改良。在杂合状态下，隐性基因常被显性基因掩盖而不能表现出来。自花授粉作物由于长期自交，隐性性状可以出现，其有害的隐性性状已被自然选择和人工选择所淘汰。但是异花授粉作物是杂合体，一经自交，由于成对基因的分离和重组，有害的隐性性状表现出来，如玉米自交后代出现白苗、黄苗、花苗、矮生等不利性状，引起自交衰退。通过对表现出这些性状的植株进行淘汰，控制不利性状的隐性基因也随之清除了。

（3）获取不同纯合基因型

杂合体通过自交，基因发生分离和重组，自交后代群体中出现多个不同的纯合基因型。例如，对有两对基因的杂交种 *AaBb* 而言，通过长期自交，会出现 *AABB*、*AAbb*、*aaBB* 和 *aabb* 4 种纯合基因型。无论开始时杂合基因的数目有多少，通过不断自交，后代个体纯合比例提高，群体中的遗传组成达到平衡，这时群体是由不同的纯系组成，其数量为 2^n（n 为原来处于杂合状态基因的对数）。

2. 自交纯系群体的理论基础——Johannsen 纯系学说

纯系学说（pure line theory）是丹麦植物学家 Johannsen 于 1903 首次提出的，其试验基础源于严格自花授粉作物菜豆的自交试验。

1901 年春季，Johannsen 从市场上购买了菜豆（*Phaseolus vulgaris* L.）品种‘公主’（Princess）。这些菜豆种子有轻有重，参差不齐，轻的仅 15cg，重的可达 90cg。按粒重的不同，选择不同粒重的豆粒分别播种，发现重粒后代的籽粒较重，轻粒后代的籽粒较轻，自交后代的粒重维持了亲代的水平，说明在这种情况下选择是有效的。根据自交后代株系的表现，Johannsen 从中挑选由 19 个单株后代构成的 19 个纯系，它们的平均粒重有明显差异。因为菜豆是严格的自花授粉作物，每粒种子的基因型都应是纯合的，所以 Johannsen 称单粒种子的自交后代为纯系。结果表明，不同纯系间的平均粒重有明显的差异，轻种子产生轻种子后代，重种子产生重种子后代。然而在一个纯系内，豆粒虽也有轻有重，并且成连续分布，但其平均粒重与亲代几乎没有差异（表 2-2）。因此，一个纯系内的种子粒重变异是不遗传的，选择无效；而原始群体是多个纯系的混合物，不同纯系间的变异至少一部分是遗传的，选择有效。

表 2-2　在纯系中对不同亚系种子大小进行选择的效果

纯系中不同亚系的籽粒大小/cg	亚系子代的种子大小/cg			
	2 号系	3 号系	13 号系	15 号系
20	55.8	49.2	47.5	45.0
30	55.0	48.2	45.0	45.0
40	56.5	49.5	45.1	44.6
50	54.9	45.9	45.8	36.9
平均	55.55	48.2	45.85	42.88

为了验证上述结果，1902～1907 年 Johannscn 连续 6 年在每个纯系内分别选重粒和轻粒种子播种，发现每代由重粒种子长出的植株所结种子的平均粒重，都与由轻粒种子长出的植株所结种子的平均粒重相似（表 2-3）；而且各个纯系虽经 6 代的选择，但其平均粒重仍分别和各系开始选择时大致相同。这说明，纯系内选择是无效的。

表 2-3　在菜豆纯系内对籽粒轻重的选择无效

世代	亲本籽粒的平均质量/cg			子代籽粒的平均质量/cg		
	最轻	最重	相差（高–低）	由最轻亲本选出的	由最重亲本选出的	相差（高–低）
1	60	70	+10	63.15	64.85	+1.70
2	55	80	+25	75.19	70.88	–4.31
3	50	87	+37	54.59	50.68	–3.91
4	43	73	+30	63.55	63.64	+0.09
5	46	84	+38	74.38	70.00	–4.38
6	56	81	+25	69.07	67.66	–1.41

由以上试验结果可以看出：①在自花授粉作物原始品种群体中，通过单株选择繁殖，可以分离出一些不同的纯系，表明原始品种群体为各个纯系的混合群体，

通过个体选择从中分离出各种纯系，这样的选择是有效的。②在同一纯系内继续选择是无效的，因为同一纯系内各个体的基因型是相同的，同一纯系内的变异，一般只是由环境因素引起的表型变异，而这种变异是不遗传的。以上两点即为纯系学说的基本论点。

3. 纯系品种群体的特点

无论是自花授粉作物纯系品种、常异花授粉作物纯系品种，还是异花授粉作物自交系，每个纯系都来自于一个纯合体的自交后代，所以自交纯系群体的特点为群体同质，个体基因型纯合。

但在纯系品种群体中要注意：①自然界的纯是相对的。自然界虽然存在着大量的自花授粉作物，但是绝对的自花授粉几乎是没有的，总有一定程度的天然杂交，从而引起基因的重组。②纯系内可能发生各种自发的突变。

二、杂交种品种

杂交种品种（hybrid cultivar）是在严格选择亲本和控制授粉的条件下生产的各类杂交组合的 F_1 植株群体，即利用 F_1 的杂种优势。杂交种品种群体内个体间基因型是一致的，个体基因型是高度杂合的。杂交种品种不能稳定遗传，F_2 将发生基因型分离，导致产量下降，所以在生产上只利用 F_1 种子，F_2 以后世代的种子一般不利用。

杂交种品种是自交系间杂交或自交系与自由授粉品种间杂交，或雄性不育系与恢复系杂交产生的 F_1。它们的基因型是高度杂合的，群体又具有不同程度的同质性，表现出很高的生产力。其中由自交系和自交系杂交得到的单交种品种群体的特点为群体同质，个体基因型杂合；其他类型的杂交种品种群体的特点为群体存在不同程度的异质，个体基因型杂合。杂交种品种近交或自交有衰退现象。

三、群体品种

群体品种（population cultivar）的遗传群体较复杂，其特点是群体内植株的基因型不一致，个体间性状存在不同程度的差异，个体基因型一般为杂合。因作物种类和组成方式不同，群体品种包括下面 4 种。

1. 异花授粉作物的自由授粉品种

异花授粉作物的自由授粉品种是指通过人工选择，使植株间在保持本品种基本特征的基础上，在生产、繁殖过程中由品种内植株间随机传粉所形成的品种群体。群体内各个体间存在不同程度的异质性，个体基因型是杂合的，群体保持着一些本品种的主要特征特性，可以区别于其他品种，如玉米、黑麦等异花授粉作物的地方品种都是自由授粉品种。

异花授粉作物的自由授粉品种的育种特点包括：①多代强迫自交，可培育自交系，通过配制杂交种，可利用杂种优势；②保持原品种群体的基因频率、基因型频率（遗传组成）和群体的遗传平衡，保持原品种的种性；③可对其进行群体改良。通过淘汰不良的基因和基因型，选择和保留优良的基因和基因型，改变原品种群体的基因频率和基因型频率（遗传组成），创建新的遗传平衡群体。要保持原品种群体的遗传组成不改变，一定要在大群体下实现充分自由授粉，随机互交，不进行选择，不出现机械混杂和生物学混杂，避免发生遗传漂移。对异花授粉作物品种进行群体改良时，可根据表型进行多代的混合选择；或根据表型进行选择，再经后裔试验选择和保留优良的后代（基因型）混合成新的群体；或选育优良的综合品种；或通过轮回选择改良群体等。

2. 异花授粉作物的综合品种

综合品种（synthetic cultivar）是由一组经过测交鉴定、农艺性状优良的配合力较高的自交系，在隔离条件下或人工控制授粉条件下，以等量种子混合播种，随机交配组成的遗传平衡群体。综合品种的遗传基础复杂，个体杂合，群体异质，但具有一个或多个代表本品种特征的性状。异花授粉作物的综合品种在遗传上处于平衡状态，其群体的基因频率和基因型频率在一定条件下保持不变，因而在生产上可连续使用一定年限。综合品种在繁殖时，要严格隔离，并尽可能让其在较大群体中自由随机授粉，避免发生遗传漂移和削弱遗传基础，以保持群体的遗传平衡。

3. 自花授粉作物的杂交合成群体

杂交合成群体（composite cross population）是自花授粉作物的两个或两个以上品种杂交后繁殖出的分离的混合群体，将其种植在特别的环境条件下，主要靠自然选择的作用促使群体发生遗传变异，逐渐形成一个较稳定的群体。杂交合成群体实际上是一个多种纯合基因型混合的群体。这种群体的特征是个体基因型纯合，群体异质，但主要农艺性状的表现型差异较小，是一种特殊的异质纯合群体。

4. 多系品种

多系品种是若干纯系品种种子混合后进行繁殖的后代，可以用自花授粉作物的几个近等基因系（near isogenic line）的种子混合繁殖成为多系品种。由于近等基因系具有相似的遗传背景，只在个别性状上有差异，因此多系品种也可被认为是一种特殊的异质纯合群体，它保持纯系品种的大部分性状，而在个别性状上得到改进。实际上多系品种包括若干个不同的基因型，而每一个植株的基因型是纯合的。多系品种常见于作物抗病虫品种中。为了能在较长时期内保持作物对某种病害（虫害）的抗性，利用携带抗该病（虫）不同生理小种（或生物型）抗性基因的近等基因系合成抗病（抗虫）的多系品种，对减轻病害（虫害）具有良好的效果。还可根据病害生理小种（害虫生物型）组成的变化，经常调配多系品种中携带不同抗性基因的近等基因系的混合比例，以维持其较长时期的抗病性。到目前为止，国外在小麦、燕麦和棉花上应用了抗病多系品种。Puente 等（1959）在墨西哥育成的抗秆锈病小麦多系品种和美国（1968）在 Iowa 州发放的抗冠锈病燕麦多系品种，在减轻病害方面都是成功的。

四、无性系品种

无性系品种（clonal cultivar）是由一个无性系或几个近似的无性系经过无性繁殖而成的品种类型。由于无性繁殖没有完整的世代交替，不经过基因重组，因此后代群体不发生分离，纯合材料后代仍保持纯合，杂合材料后代不发生分离，为作物杂种优势利用提供了很大方便。无性系品种的基因型由母体决定，表现型和母体相同。许多薯类作物和果树品种都属这类无性系品种。

用营养体繁殖的无性系品种的基因型由作物种类及来源来定，如甘薯为异花授粉作物，其无性系品种的基因型是杂合的，但表现型是一致的；马铃薯是自花授粉作物，其无性系品种如果来自自交后代，则基因型是纯合的，如来自杂交后代，则基因型是杂合的，但它们的表现型都是一致的。大部分无性繁殖作物，无论是自花授粉作物，还是异花授粉作物，其品种基因型大多呈杂合状态。

在适宜的自然和人工控制条件下，无性繁殖作物也可进行有性繁殖，进行杂交育种。因此，可以采用有性杂交和无性繁殖相结合的方法进行无性繁殖作物育种。这时无论是自花授粉的马铃薯还是异花授粉的甘薯，由于它们的亲本原来就是遗传基础复杂的杂合体，因此杂交种 F_1 就有很大的分离，但种子不宜直接用于生产。在存在广泛变异的 F_1 实生苗（由无性繁殖作物种子长出的植株）中，选择优良个体进行无性繁殖，迅速把优良性状和杂种优势固定下来，再通过比较、鉴定和选择培育成新的无性系品种。这种把有性杂交和无性繁殖结合起来的实生苗育种，是改良无性繁殖作物的一种有效途径，也是无性繁殖作物较其他类型作物杂交育种年限短的主要原因。此外，利用无性系品种自交，淘汰不良基因后产生自交系，再进行自交系间的杂交可获得更大的杂种优势。但在此过程中可出现自交不亲和及自交严重退化现象，因而可进行 1～3 次株系内的近交，选出优良的近交系再进行不同近交系间的杂交或与其他亲本进行杂交。

无性系品种在繁殖过程中会有突变，主要为芽变（即体细胞发生突变）。芽变发生后，可在各种器官和部位表现变异性状，一旦出现有利的突变即可选留，利用营养体繁殖把芽变迅速固定下来，还可用理化因素进行诱变处理提高突变率。选择和保留有利突变体，建立无性系，再通过系统的鉴定和比较即可扩大繁殖，培育成优良的无性系品种，这种育种方法称为芽变育种。芽变育种是营养体无性系品种育种的一种有效方法，国内外都曾利用芽变选育出一些甘薯、马铃薯、甘蔗等无性系品种。

另外，花药培养、花粉培养及体细胞杂交技术也可用于无性繁殖作物的选育。无性繁殖作物进行繁殖时无需进行隔离，但需要进行必要的选择，淘汰机械混杂或自然变异的弱株和劣株，以保持品种的种性。无性繁殖作物品种因感染病毒发生退化时，可通过茎尖与分生组织培养进行脱毒，通过生产无毒种苗加以解决。

也有人按作物品种群体遗传背景和基因型的不同，将作物育种群体分为同质纯合型群体（自花授粉作物和常异花授粉作物的纯系品种群体、异花授粉作物的自交系群体）、同质杂合型群体（包括杂交种群体、无性系品种群体）、异质杂合型群体（主要包括自由授粉品种群体、综合品种）、异质纯合型群体（主要包括杂交合成群体和多系品种群体）。

第二节　作物遗传作图群体

遗传作图是指找出基因位于哪一染色体的哪个特定区段，并测定基因在染色体上线性排列的顺序和相互间的距离。利用遗传重组率作为基因间的距离而得到的图谱称为遗传连锁图谱。在作物中，许多重要的性状，如产量、蛋白质含量、淀粉含量等均为数量性状，找到影响这些数量性状的基因位置可以帮助人们更为精确地绘制遗传图谱，从而可应用现代分子技术更好地操纵、控制这些基因，为作物遗传改良提供理论基础。

用于构建分子连锁图谱的作图群体有多种。根据作图群体的特点，可分为初级作图群体、次级作图群体和高级作图群体。初级作图群体主要有临时性群体 F_2、F_3、BC_1 等；次级作图群体主要有加倍单倍体（dihaploid，DH）群体、重组近交系（recombinant inbred line，RIL）群体等；高级作图群体主要有在初级群体基础上选育得到的近等基因系群体（near-isogenic line，NIL）、回交重组自交系群体（backcross inbred line，BIL），以及导入系群体（introgression line，IL）、染色体片段代换系群体（chromosome segment substitution line，CSSL）或单片段代换系群体（single segment substitution line，SSSL）等。各作图群体的特点如表 2-4 所示。

表 2-4 遗传作图群体的特点

群体类型	群体名称	分离群体遗传背景	染色体互作	遗传背景干扰	定位准确性、灵敏性	适宜研究内容
初级作图群体	F_2、F_3、BC_1	很复杂	有	有	不精确，不灵敏	基因初定位
次级作图群体	DH、RIL	较复杂	有	有	较精确，较灵敏	基因初定位
高级作图群体	NIL、BIL、IL、CSSL、SSSL	在亲本间有差异的染色体区段发生分离	无	无	精确，灵敏	基因精细定位，为基因图位克隆奠定基础

构建一个作图群体，首先要考虑的是被研究的性状在父母本之间表现多态性，且具有稳定遗传性。其次需要考虑的是作物的繁殖方式。

对于自交亲和作物（包括自花授粉作物、常异花授粉作物和异花授粉作物），作图群体主要有 F_2 群体、BC 群体、DH 群体、RIL 群体、NIL 群体、BIL 群体、IL 群体、CSSL 或 SSSL 群体；而对于自交不亲和性作物，主要用 F_1 群体，也可用 BC 群体、DH 群体、RIL 群体、NIL 群体、BIL 群体、IL 群体、CSSL 或 SSSL 群体。

一、初级作图群体

F_2 群体

由两个基因型不同的纯合双亲杂交产生 F_1，F_1 自交得到的 F_2 所构成的群体称为 F_2 群体。在构建 F_2 群体时，两亲本在所研究性状上存在较大差异，表型水平（如形态或抗病性）上的多态性或 DNA 标记多态性能够鉴定出来。F_2 群体内的各个个体在所研究的性状上表现为正态分布，大部分介于双亲之间。F_2 群体中各个体之间性状的不同是由遗传物质的分离和重组引起的。对每个共显性标记来说，期望的分离比是 1∶2∶1。因为 F_3 群体在遗传上与 F_2 群体不同，所以该群体类型不易被保留。但对于像甜菜等可以进行无性繁殖的作物来说可以用组织培养来保存 F_2。还有一个保存 F_2 群体的特殊方法，就是将其保存在 F_3 群体资源池中。但 F_2 的性状评价只能通过测交进行，即将每个 F_2 个体与不同通用测交亲本测交获得测交后代的平均表现。

为了构建一个全基因组遗传图谱，需考虑图谱中每个基因位点的分辨率、工作量和可行性等方面因素，F_2 群体至少包括 100 个以上个体。

对于数量性状（QTL）的作图，至少需要 200 个个体。对于有图位克隆基因要求的作图群体，需要培育含数千个个体的分离群体。

F_2 群体构建示意图如图 2-2 所示。

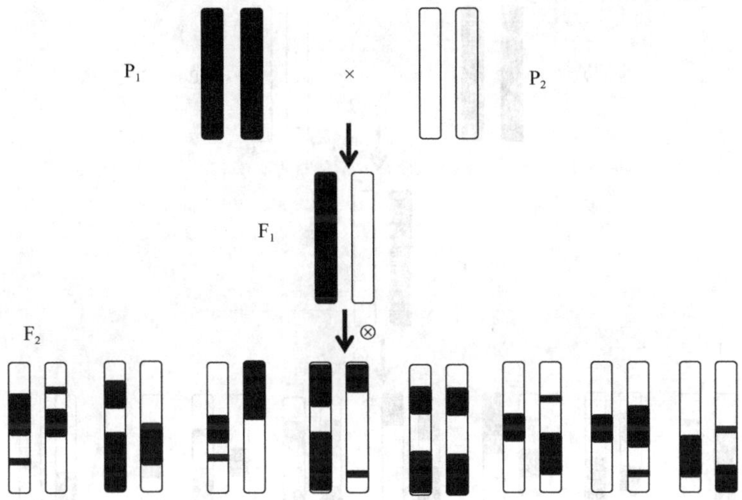

图 2-2　F_2群体构建示意图

二、次级作图群体

1. 重组近交系群体

对于自交亲和作物，RIL 群体可通过自交产生。RIL 群体的构建方法是单粒传法（single seed descent，SSD），即两亲本杂交获得 F_1，F_1 自交获得 F_2，在 F_2 单株上各取一粒种子繁殖 F_3，在 F_3 每株仍取一粒种子繁殖 F_4，用同样的方法得到 F_5～F_9，提取 DNA 进行鉴定，看各单株基因位点是否纯合，然后收获纯合单株，下一代种成株行（株系），由同一组合纯系构成的群体即为 RIL 群体。

RIL 群体的构建还可以采用混合法，即每个 F_2 的种子种成一行，称为 $F_{2:3}$（就是 F_3）家系。以后从 $F_{2:3}$ 开始，群体总行数不变，每行混收，下一年从中随机取出种子种成一行，直到 F_8 或 F_9，提取单株 DNA 进行鉴定，看其基因位点是否纯合，然后收获纯合单株，下一代种成株行（株系）。

RIL 群体构建过程如图 2-3 所示。由于纯合同质的重组自交系的遗传构成不再发生改变，因此重组自交系的后代几乎不存在分离。

RIL 群体的优点之一是构成了一个永久的资源，能够无限复制并可与其他研究单位分享；优点之二是 RIL 群体在到达完全纯合之前，经过了数次减数分裂，重组的频率要高于 F_2 群体。所以，利用 RIL 群体所做的遗传图谱的分辨率要高于利用 F_2 群体所做的遗传图谱。

2. 加倍单倍体群体

DH 是由含配子体染色体数目的个体（单倍体）经人工诱导加倍或自然加倍后产

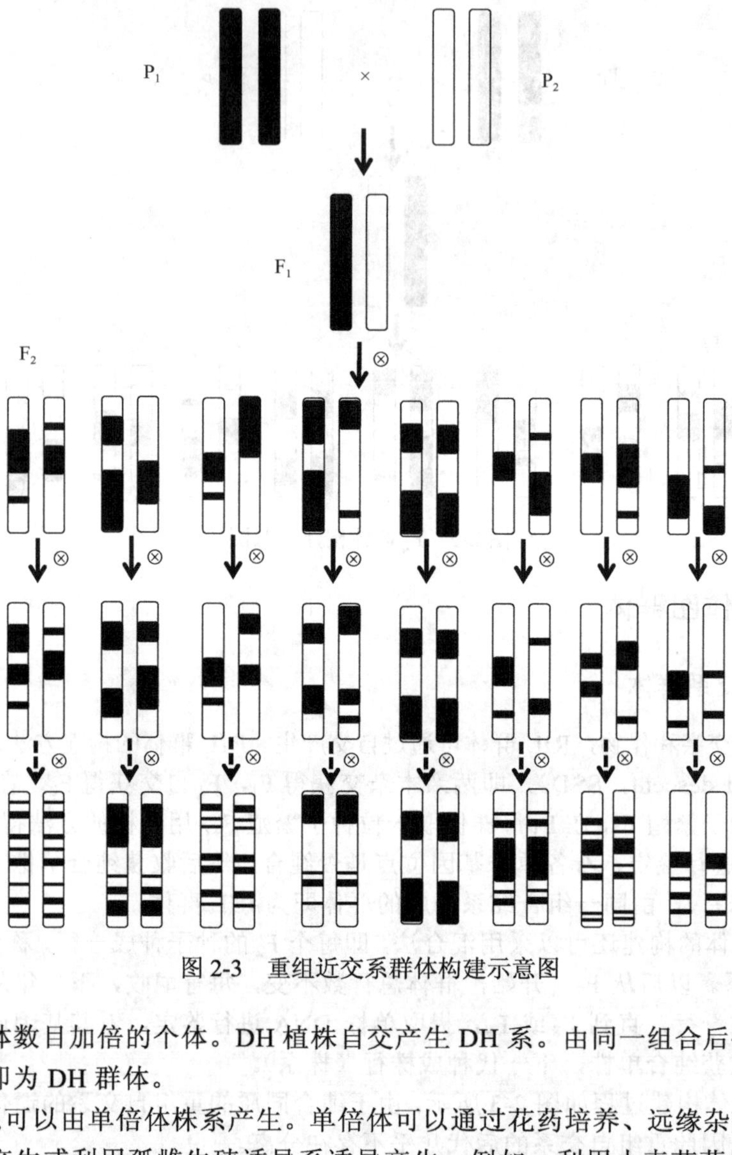

图 2-3　重组近交系群体构建示意图

生的染色体数目加倍的个体。DH 植株自交产生 DH 系。由同一组合后代 DH 系组成的群体即为 DH 群体。

DH 系可以由单倍体株系产生。单倍体可以通过花药培养、远缘杂交产生，也可以自发产生或利用孤雌生殖诱导系诱导产生。例如，利用小麦花药培养可以产生小麦单倍体；利用小麦（作母本）与玉米（作父本）杂交也可以获得小麦单倍体；利用玉米孤雌生殖诱导系可以产生玉米单倍体等。单倍体植物的染色体组能自发加倍，产生加倍单倍体，也可通过施用秋水仙碱产生加倍单倍体。如果是从单倍体植物上诱导产生的愈伤组织，愈伤组织细胞内的染色体数目时常会在内源有丝分裂时自发加倍，通过体细胞胚产生加倍单倍体，DH 系特点为个体基因型纯合，群体同质。

DH群体构建过程如图2-4所示。

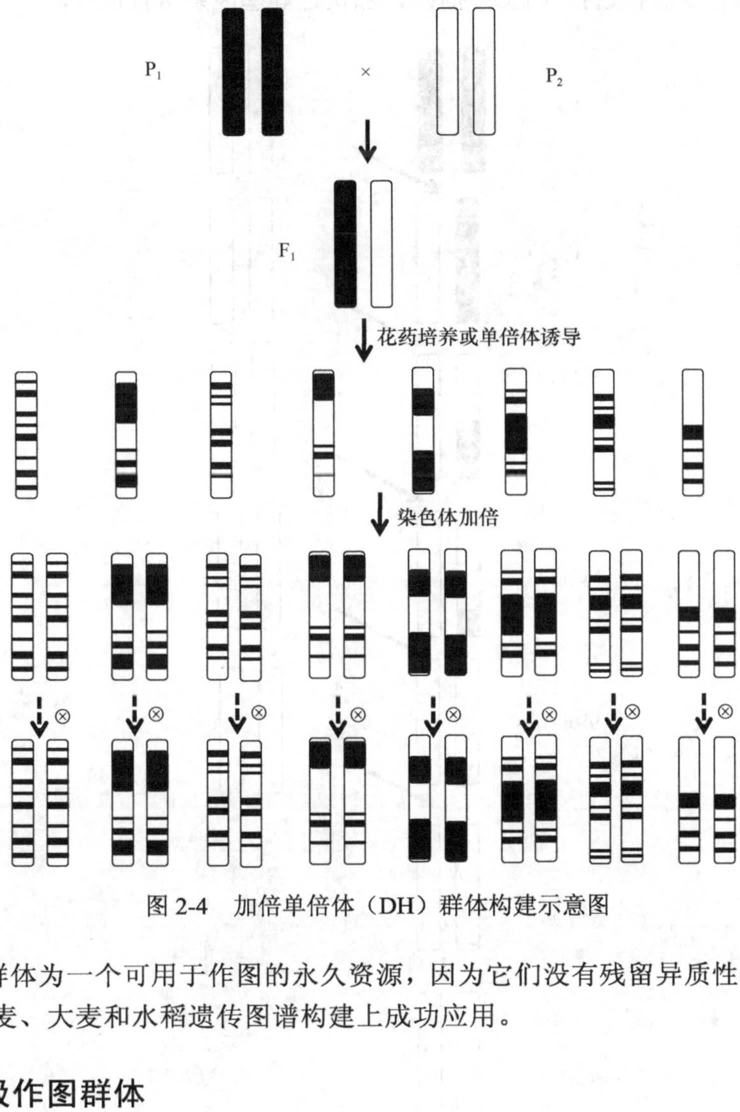

图2-4　加倍单倍体（DH）群体构建示意图

DH群体为一个可用于作图的永久资源，因为它们没有残留异质性问题。该群体已在小麦、大麦和水稻遗传图谱构建上成功应用。

三、高级作图群体

1. 近等基因系群体

为了分析亲本P_1中的某数量性状（如产量或蛋白质含量等），某个QTL在亲本P_2背景中的效应，需要通过回交的方法构建近NIL群体。具体做法是，先将P_1和P_2杂交，得到的F_1再与亲本P_2不断回交。其中亲本P_1是某QTL的供体亲本（非轮回亲本），亲本P_2是受体亲本（轮回亲本）。详细过程见图2-5。在回交过程中，每次从回交后代筛选由供体提供的目标 QTL（前景选择）。期间可以利用分子标记对其他位点背景进行选择（背景选择），加快近等基因系培育过程。

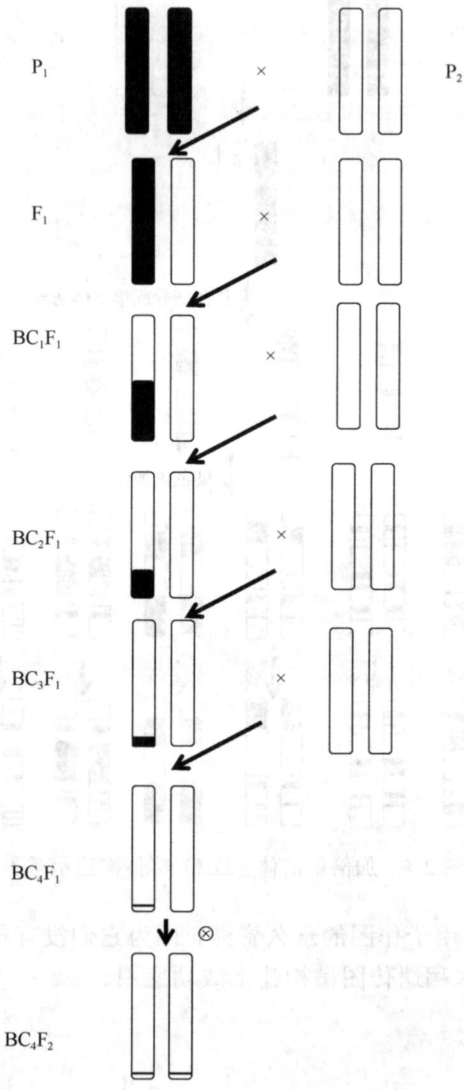

图 2-5　近等基因系（NIL）群体构建示意图

通过回交方法构建的 NIL 群体，除了在目标 QTL 位点不同外，株系之间的其他遗传背景相同。NIL 群体由通过标记辅助选择的回交后代株系构成。为了固定前景 QTL，在回交完成后，需要自交 2 代。如果两个近等基因系在相应表型上表现不同，则被认为是由目标 QTL 作用所致。

2. 外源基因渗入文库

一些优良性状，如高产、抗逆等对应的等位基因可能来源于远缘的相关物种是甚至野生物种。

为了评价远缘或野生物种微小染色体片段在栽培物种中的渗入效应，需要构建外源染色体片段渗入系文库，创制能够产生含有不同外源染色体片段的渗入系（CSIL），也称外源基因渗入文库。外源基因文库是通过高代回交的方法建立的，其中栽培物种为受体系，远缘或野生物种为供体系，回交得到的渗入系相似于栽培物种，但拥有远缘物种 DNA 片段回交后代有可被鉴定出来的细微表型效应。对所有目标性状的表型评估，将揭示回交渗入的 DNA 片段对观测性状的正向效应。渗入片段可以通过分子标记得到鉴定。

3. 单片段代换系

两亲本杂交后，用亲本之一进行回交，在 BCF_2 和 BCF_3 分离群体中，对回交群体的个体用已定位在不同染色体上的标记（如 SSR）进行鉴定，保留某一染色体区段为非轮回亲本，并要求这一区段尽量短（如 5cM），而除此区段外的染色体均为轮回亲本染色体，这样就可构建包括非轮回亲本所有染色体区段的单片段代换系群体。

单片段代换系群体（SSSL）的构建和 RIL 作图群体的构建有着不完全一样的用途。RIL 作图群体可以用于 QTL 的初步定位，但要精细定位的话需要构建近等基因系群体或单片段代换系群体才行。

SSSL 的构建在水稻和番茄上研究得比较多。构建费事费力，但一劳永逸，定位精度目前是最高的。SSSL 与 NIL 和 IL 在研究单个 QTL 上是相似的。

4. 永久 F_2 群体

永久 F_2 群体主要用来分析基因上位性作用，其构建过程是：①用单粒传法获得 RIL（如 200 株）；②给每一株（系）单独编号（1-200）；③用特定的单株进行组合（如 1-101、2-102、3-103、4-104 等），获得若干 F_1，即相当于最初双亲的 F_2。由于 RIL 单株基因纯合，可以永久保存，而 F_2 也可以重现，因此称为“永久 F_2 群体”。

对于自交不亲和性作物而言，构建上面的群体比较困难，可以采用 F_1 群体。

由于自交不亲和性物种不能产生纯合系或者难以自交，因此只能用杂合的亲本产生作图群体，如 F_1 群体，或者回交株系（BC）。例如，甘薯、马铃薯、苹果树、梨树或者葡萄树等，不同栽培品种之间的杂交 F_1 可以用作基因型分析。建立杂交群体时，来自双亲的不同等位基因贡献给 F_1 个体，分子标记之间的连锁可以通过双亲产生的遗传图谱来估算。

主要参考文献

郝建华, 强胜. 2009. 无融合生殖——无性种子的形成过程. 中国农业科学, 42(2): 377-387.
刘庆昌. 2015. 遗传学. 北京: 科学出版社.
孙其信. 2011. 作物育种学. 北京: 高等教育出版社.
张天真. 2003. 作物育种学概论. 北京: 中国农业出版社.
Meksem K, Kahl G. 2010. 植物基因组作图手册. 康定明, 华金平译. 北京: 中国农业大学出版社.
Puente F, Fidencio, Borlaug N E. 1959. Row distance and lodging in wheat. Agric Tec En Mexico, 7(2): 1-40.

第三章　作物杂交育种的理论基础及其育种案例分析

作物杂交育种是指用基因型不同的亲本材料通过有性杂交获得杂种，继而对杂种后代进行选择，以培育符合生产要求的作物新品种的育种方法。

与自然变异相比，通过人工控制的有性杂交产生可供选择的遗传变异，对作物育种工作来说具有更大的自主性和创造性。在现阶段，虽然新的作物育种技术能够实现更广泛的基因源之间的交流，但通过有性杂交实现基因的重组仍然是产生遗传变异的主要手段。

作物杂交育种是国内外广泛应用且卓有成效的一种育种方法。到目前为止，各国用于生产的主要作物优良品种绝大多数是用杂交育种法育成的。以小麦为例，近 20 年来获国家科学技术进步奖的 18 个小麦品种中，有‘矮抗 58’、‘郑 9023’、‘济麦 17’、‘济麦 19’等 15 个是用杂交育种方法育成的。就棉花品种来说，世界各主要产棉国家都在充分运用杂交育种选育优良品种。例如，美国著名的品种‘岱字棉 15’、‘珂字棉 100’、‘爱字棉’系统，‘PD’系统，前苏联的‘塔什干’，埃及的‘吉扎’系统都是采用杂交育种育成的。我国近代种植面积在 0.67 万 hm^2 以上的陆地棉品种大部分也是由杂交育种育成的。

第一节　作物杂交育种的理论基础

有性杂交可使分属不同亲本的有利基因结合于一个杂交组合中，以后随着世代的演进，由于基因重组、基因累加和基因互作，杂交后代群体出现性状分离。育种家在这一过程中，选择出符合作物育种目标而且纯合稳定的重组类型。

一、基因重组

基因重组是指非等位基因间的重新组合。在作物杂交育种中，通过杂交，使分散在不同亲本中控制不同有利性状的基因重新组合在一起，形成具有不同亲本优点的后代。通过基因重组能产生大量的变异类型，但只产生新的基因型，不产生新的基因。

基因重组的细胞学基础是性原细胞减数第一次分裂同源染色体彼此分离时的非同源染色体之间的自由结合和同源染色体染色单体之间的交叉互换。

二、基因累加

基因累加是指几个非等位基因共同决定着某一性状的表现，而且每一个基因都只起部分作用。通过基因累加效应，从后代中选出受微效多基因控制的某些数量性状超过亲本的个体。

例如，控制玉米株高的基因有3对，假设为*A-a*、*B-b*和*C-c*，其中*A*、*B*和*C*为显性基因，表现型为玉米株高较高；*a*、*b*和*c*为隐性基因，表现型为玉米株高较矮。这3对基因为非等位基因，当玉米基因型为*AABBCC*时，株高最高；当玉米基因型为*aabbcc*时，株高最矮；*AABBcc*、*AAbbCC*、*aaBBCC*、*AAbbcc*、*aaBBcc*和*aabbCC*介于最高株高和最矮株高之间，这就是非等位基因间的累加作用。

三、基因互作

生物是一个有机整体，任何性状都不是孤立的、单一的，仅受一个基因控制的性状非常少。一个性状的表达往往受到多个基因相互作用的影响。

基因互作是指非等位基因在对控制某一性状上所表现的各种形式的相互作用。不同基因间的相互作用可以影响性状的表现。

在作物杂交育种中，后代中的有些突变性状是通过非等位基因之间互作产生的。

质量性状中存在6种可能的基因互作类型，即互补、重叠、累加、显性上位、隐性上位和抑制。基因互作的各种类型及其分离比例见表3-1。

表3-1 基因互作各种类型及其分离比例

基因互作类型	比例	相当于自由组合比例
互补作用	9∶7	9∶（3∶3∶1）
累加作用	9∶6∶1	9∶（3∶3）∶1
重叠作用	15∶1	（9∶3∶3）∶1
显性上位作用	12∶3∶1	（9∶3）∶3∶1
隐性上位作用	9∶3∶4	9∶3∶（3∶1）
抑制作用	13∶3	（9∶3∶1）∶3

1. 互补作用（complementary effect）

两对独立遗传基因分别处于纯合显性或杂合显性状态时，共同决定一种性状的发育；当只有一对基因是显性或两对基因都是隐性时，则表现为另一种性状，F_2产生9∶7的分离比例。

2．累加作用（additive effect）

两对显性基因同时存在时产生一种性状，单独存在时能分别表现相似的性状，两对基因均为隐性时又表现为第三种性状，F_2产生 9∶6∶1 的分离比例。

3．重叠作用（duplicate effect）

两对或多对独立基因对表现型能产生相同的影响，F_2产生 15∶1 的比例。重叠作用也称重复作用，只要有一个显性重叠基因（表现相同作用的基因）存在，该性状就能表现。

4．显性上位作用（epistatic dominance effect）

上位性：两对独立遗传基因共同对一对性状产生作用，其中一对基因对另一对基因的表现有遮盖作用。

下位性：与上述情形相反，即后者被前者所遮盖。

显性上位：起遮盖作用的基因是显性基因，F_2的分离比例为 12∶3∶1。

5．隐性上位作用（epistatic recessiveness）

在两对互作的基因中，其中一对隐性基因对另一对基因起上位性作用，F_2 的分离比例为 9∶3∶4。

此上位作用与显性作用不同，上位作用发生于两对不同等位基因之间，而显性作用发生于同一对等位基因的两个成员之间。

6．抑制作用（inhibiting effect）

显性抑制作用：在两对独立基因中，其中一对显性基因本身并不控制性状的表现，但对另一对基因的表现有抑制作用，这对基因被称为显性抑制基因。F_2 的分离比例为 13∶3。

作物杂交育种经过杂交、选择和鉴定，由于杂种基因的超亲分离，尤其是那些和经济性状有关的微效基因的分离和累加，在杂种后代群体中不仅能够获得结合亲本优良性状于一体的新类型，还可能出现性状超亲类型，或通过基因互作产生表现出亲本所不具备的新性状的类型。在这一过程中，育种家选择什么样的亲本材料配制杂交组合，以及在分离世代中如何选择出最具生产潜力的基因型无疑是决定作物育种成败的关键。

第二节　小麦品种‘农大 211’的选育

‘农大 211’小麦品种是通过杂交育种和选择育种选育而成的，属冬性小麦品种，抗寒性强。幼苗半匍匐，苗色深绿，叶片丛立，长势健壮。株高 75cm 左右，旗叶上冲，株型紧凑；茎秆柔韧，抗倒性好。穗层整齐，穗纺锤形，长芒，白壳。籽粒短圆形，白粒，中等角质，千粒重 43g 左右。条锈高抗，叶锈免疫，白粉病中感。成熟期同‘京 411’，属中早熟品种。落黄好。品质性状表现：蛋白质含量（干基）16.35%，湿面筋含量 35.9%，沉降值 24.1mL，吸水率 59.9%，面团形成时间 2.4min，稳定时间 1.7min（2006 年农业部谷物品质监督检验测试中心测定）。产量性状表现：分蘖力强，成穗率高；千粒重稳定；产量三要素协调，丰产，稳产性好。一般每亩成穗 42 万～48 万穗，穗粒数 26～30 粒，千粒重为 43g 左右。在中上等肥力的地块上，正常年份亩产 400～500kg，好年份亩产可达 600kg。2004 年，在北京市南郊房辛店村创造了北京京郊小麦的单产之最，亩产达 690kg，千粒重达 47g。‘农大 211’生产试验和田间落黄表现见图 3-1 和图 3-2。

图 3-1　‘农大 211’的生产试验

图 3-2　‘农大 211’的田间落黄表现

一、‘农大 211’的特征特性

①品种稳定性强，适应性广，自育率高，开花和散粉习性好；②抗旱，抗干热风，在近几年的生产种植中，经受住了旱、热等考验，表现出抗旱和抗干热风；③抗常见小麦病害，除轻感白粉病以外，对田间所有的病害都有一定的抗性；④生长整齐，可观赏性强。

二、‘农大 211’的组合配制年代和选育过程

中国农业大学于 1989 年配置‘农大 211’杂交组合，亲本组合为‘农大 3338’×‘S180’，选育过程见表 3-2。

表 3-2　'农大 211' 选育过程

年份	世代或育种进程	工作内容
1989	农大 3338×S180	以农大 3338 为母本，S180 为父本配制单交组合；按组合点播 F_1 种子
1990	F_1	F_1 田间表现很好；收获 F_1 植株上的种子（即 F_2 种子）；点播 F_2 群体（约 1000 粒）
1991	F_2	F_2 群体在田间表现分离；根据育种目标性状要求共选择 58 个单株；按组合单株收获、考种，选留 38 个单株种子（F_3）；按组合和株系点播 38 个 F_2 株系的 F_3 种子，形成 F_3 群体
1992	F_3	F_3 群体在田间表现为不同株系表现不同，同一株系内有分离；共选择 168 个 F_3 单株；按组合、株系单株收获、考种，选留 153 个单株种子（F_4）；按组合和株系点播 153 个 F_3 株系（系统）的 F_4 种子，形成 F_4 群体
1993	F_4	在 153 个 F_3 株系中，第 121 个 F_3 系统是被选中系统之一；该系统性状表现整齐一致，农艺性状、产量性状、抗病性状、丰产性均很好，具体表现：单位面积成穗多，穗中等大小，多花多实，穗型完整，穗层较齐；综合抗病性好，在人工诱发条、叶锈病的情况下，表现出条锈病高抗，叶锈病接近免疫，中抗白粉病；熟相喜人，成熟前的穗、穗下节颜色金黄，叶片失绿正常，表现出很好的生育后期适应性；矮秆，平均植株高度在 75cm 左右；籽粒灌浆好，千粒重约 42g，籽粒大小均匀，籽粒卵圆，硬度较高；田间行号为 3291
1994～1996	3291 产量比较试验	3291 的产量比较试验中在株高和丰产性上极好（3291—0—0—0）
1997～1999	（1）3291 北京市区域试验 （2）系统选择	北京市区域试验株高和丰产生表现很好 在 176 个系统行中，发现了植株高度矮于农大 3291，穗层整齐度高于农大 3291，丰产性好于农大 3291 的若干系统，行号 3458 系统（3291—0—0—0—128）就是其中之一
2000～2002	3458 产量比较试验	北京市区域试验株高和丰产性表现很好 2001 年，农大 3458 通过北京市农作物品种审定委员会审定
2003～2005	3458 北京市区域试验	在 3458 中选出红粒系统
2007		3458（后取名农大 211）通过北京市农作物品种审定委员会审定，并获国家植物新品种保护权
2008		农大 211 通过天津市农作物品种审定委员会品种认定
2009～2014		被北京市和天津市同时列为小麦政府补贴品种

三、'农大 211' 的育种理念

1. 强优势组合的利用

'农大 211' 的亲本组合是 '农大 3338' × 'S180'，该组合是中国农业大学在进行杂种小麦研究时测配出来的优势最强的组合。

2. 双亲的选择

父本 'S180' 是中国农业大学小麦育种组的高代品系，其亲本组成是：'冀麦 2 号' ×（'丰抗 13' × '08433'）。'S180' 表现高秆，晚熟，但丰产性很好。

母本‘农大3338’是中国农业大学培育的一个高产恢复系，其亲本组合是一个提型小麦恢复基因的累加组合。组合是：（‘7660’×‘小偃恢’-恢复系）×[（‘R5’×‘矮东3号’-‘东方红3号’）×（‘京双2号’×‘洛夫林13’）]，其中‘7660’×‘小偃恢’来自于河北藁城农业科学研究所（农科所）；‘R5’来自南斯拉夫，原产于美国，是带有茹科夫斯基小麦（AAAAGG）恢复源的提型不育系恢复材料。经过两次改良得到了（‘R5’×‘矮东3号’）×（‘京双2号’×‘洛夫林13’）恢复系。这个恢复系农艺性状和丰产性表现都很好。

选择‘农大3338’作亲本的原因是‘农大3338’具有显性矮秆基因 *Rht21*，其后代植株高度稳定快；对赤霉素反应迟钝；亲本和后代植株高度表现稳定，生长整齐，受环境影响小；一般配合力高，与其他品种配制组合的超标优势为17.86%～42.74%；落黄好；抽穗和成熟都较早且繁茂。

3. 杂交育种后代处理方法的综合运用

（1）衍生系统法的应用

所谓的衍生系统法，就是由一个杂交后代的 F_2 或 F_3 个体所产生的后代群体，分别称为这个组合的 F_2 或 F_3 衍生系统。

在杂交育种中，一般是在杂交后代 F_3 系统中，①选择一些综合农艺性状和产量性状非常突出，且主要性状已经趋于稳定的株系进行正常的产量比较试验；②对于一些在产量比较中表现突出的株系，进行小区产量比较试验，连续3～5年（代），此时的世代已经进入了 F_6～F_8；③再进行一次单株或单穗选择，并种成株系或穗系；④从上述株系和穗系中选择优良的系统，继续参加产量比较试验，在试验中可以将原来的母系作为特殊的对照进行比较，选出更为优异的新系。

‘农大211’是在原‘农大3291’的后代群体中选育成功的。‘农大3291’是一个 F_3 系统，经过品种比较和繁殖，此杂合群体直接参加了小麦品种的区域试验，表现合格，通过了小麦品种管理机构的审定。所以，‘农大211’的地区广适性与系谱法和衍生系统法的结合利用有一定关系。

（2）系统选择法的应用

在‘农大3291’参加北京市区域试验的同时，对其进行了系统选育，从中选择出矮秆、高产、稳产、抗病品种‘农大211’。

四、‘农大211’的推广前景

2011年，‘农大211’的播种面积占到了北京市小麦总播种面积的41.4%。2013

年，‘农大 211’的播种面积占到北京市小麦总播种面积的 62%。

第三节　小麦品种‘百农矮抗 58’的选育

针对我国黄淮麦区小麦生产普遍存在的倒伏、冻害、旱害、病害等突出问题，河南科技学院开展了矮秆高产、多抗广适小麦新品种的选育及应用研究，育成矮秆高产、多抗广适、优质中筋小麦突破性品种‘百农矮抗 58’(审定名‘百农 AK 58’，简称‘矮抗 58’)。该品种成功地解决了小麦高产大群体易倒伏、矮秆品种易早衰、高产不优质、高产性与广适性难以结合的技术难题，实现了高产、稳产、矮秆抗倒不早衰、抗逆、抗病、适应性广、优质中筋、稳定性好等的有机结合，是近 30 年我国小麦育种取得的一项重大技术突破。自 2009 年来连续多年被农业部列为全国主导品种。截至 2013 年 8 月，累计种植面积达到 2.3 亿亩，增产小麦 86.7 亿 kg，增效 170 多亿元，创造了巨大的经济效益和社会效益，为国家粮食核心区建设作出了重要贡献。

‘矮抗 58’属半冬性小麦品种，中熟，成熟期比对照‘豫麦 49’晚 1 天。幼苗半匍匐，叶色淡绿，叶短上冲，分蘖力强。株高 70cm 左右，株型紧凑，穗层整齐，旗叶宽大、上冲。穗纺锤形，长芒，白壳，白粒，籽粒短卵形，角质，黑胚率中等。平均亩成穗 40.5 万穗，穗粒数 32.4 粒，千粒重 43.9g。苗期长势壮，抗寒性好，抗倒伏强，后期叶功能好，成熟期耐湿害和高温危害，抗干热风，成熟落黄好。接种抗病性鉴定结果发现，‘矮抗 58’高抗条锈病、白粉病和秆锈病，中感纹枯病，高感叶锈病和赤霉病。田间自然鉴定结果发现，‘矮抗 58’中抗叶枯病。2004 年、2005 年品质测定结果发现，‘矮抗 58’容重 811g/L、804g/L，蛋白质（干基）含量 14.48%、14.06%，湿面筋含量 30.7%、30.4%，沉降值 29.9mL、33.7mL，吸水率 60.8%、60.5%，面团形成时间 3.3min、3.7min，稳定时间 4.0min、4.1min，最大抗延阻力 212E.U.、176E.U.，拉伸面积 $40cm^2$、$34cm^2$。

一、‘矮抗 58’的特征特性

1. 高产、稳产

‘矮抗 58’两年国家黄淮冬麦区南部区域试验比对照‘温麦 6 号’(‘豫麦 49’)分别增产 5.36%和 7.66%，达极显著水平。参加国家生产试验，平均亩产 507.6kg，比对照‘温麦 6 号’增产 10.1%，居参试品种第一位。50 亩攻关田连续 4 年亩产超过 715kg，最高亩产 788.2kg；3 年 52 点次万亩生产示范基地平均亩产超 600kg

（图 3-3，图 3-4）。2010 年鹤壁市 3 万亩连片平均亩产 611.6kg，创国内同面积高产纪录。

图 3-3 ‘矮抗 58’成熟期大田表现

图 3-4 ‘矮抗 58’抽穗期大田表现

‘矮抗 58’亩成穗 45 万穗左右，最高达 58.5 万穗；最大叶面积指数 11.59；旗叶光补偿点 43.32μmol/(m^2·s)±4.46μmol/(m^2·s)，光饱和点 1273.14μmol/(m^2·s) ± 15.93μmol/(m^2·s)，最大光合速率 31.72μmol/(m^2·s)±0.62μmol/(m^2·s)，群体光合速率高；强光下日净光合速率/光合有效辐射强度日变化拟合系数 0.91，显著高于对照‘温麦 6 号’的 0.59 和‘周麦 18’的 0.79；收获指数高达 0.50。

2. 矮秆抗倒不早衰

‘矮抗58株’高70cm左右，重心较低，茎秆坚韧，基部机械组织发达，弹性好，生产应用至今从未发生倒伏现象；具有*Rht-D1b*+*Rht8*矮秆基因组合（图3-5）。

图3-5　‘矮抗58’单株

根系生长速度快，根量大，水平和垂直根系均发达，耐旱耐湿，后期叶功能好，抗干热风，成熟落黄好，不早衰，籽粒灌浆充分。

3. 抗逆、抗病、适应性广

①苗期长势壮，越冬期处于单棱或二棱期，抗冻能力强，经受住了2008～2009年的大范围低温考验，在黄淮南部麦区安全越冬；拔节期处于雌雄蕊分化-药隔形成阶段，抗晚霜冻能力强。②根系生长快，根量大。越冬期根深达2.4m以上，较对照品种同期根深增加30～40cm，耐旱性强。2008～2009年和2010～2011年黄淮麦区分别遭遇严重的冬春连旱和长期低温，该品种受影响不明显，仍表现高产、稳产。③综合抗病性好，高抗条锈、秆锈和白粉病，中抗纹枯病。携带抗条锈基因*YrZH84*；高抗白粉病流行小种Bg1、Bg2、Bg4、E05、E09和E23。④早播无冻害，晚播不晚熟，广泛适宜于河南中北部、安徽北部、江苏北部、陕西关中地区、山东菏泽等黄淮南部麦区中高等水肥地早中茬种植。

4. 优质中筋，品质稳定性好

‘矮抗58’籽粒饱满均匀，容重高，硬质白粒，高分子质量麦谷蛋白亚基（HMW-GS）组成为1、7+8、5+10。据农业部种植业管理司中国小麦质量报告，属优质中筋品种，且品质稳定。该品种蒸煮品质好，2011年农业部小麦质量现场鉴评88.0分，为面条小麦第一名。

二、‘矮抗58’的组合配制年代和选育过程

‘矮抗58’亲本组合于1989年配制，其组合为‘周麦11’×（‘温麦6号’×‘郑州8960’）。对育种分离群体连续采用多项逆境胁迫、定向选育，选育过程如下。

1996年夏，以‘温麦6号’为母本，‘郑州8960’为父本进行第一次杂交。

1997年夏，以‘周麦11’为母本，以单交组合‘温麦6号’×‘郑州8960’ F_1为父本进行复交，组合编号为‘97（11）’。

1997～2002年：

1）连年极早播种，人为造成年前低温胁迫、纹枯病胁迫。

1997～2002 年连续多年于 9 月 25～30 日播种（比正常播种提前 10～15 天），促进后代在低温来临之前快速发育，人为造成冬前纹枯病重发和越冬期低温危害，有利于选择抗寒和抗纹枯病的单株。

2）拔节期大肥大水，促进节间伸长，人为造成倒伏胁迫。

连续多年在小麦拔节期对后代多浇水、多施肥，促进基部 1、2 节间长度增加，有利于选择节间短粗的抗倒单株。

3）连续混合接种，创造田间高湿环境，人为造成病害胁迫。

对后代群体进行条锈病、叶锈病多小种混合接种，形成多种病害暴发条件，有利于选择综合抗病性强的单株。

4）旱涝交替，人为造成土壤水分胁迫。

1997～2001 年，通过浇水调节，对杂交后代实施大群体旱涝交替选择，有利于选择既耐旱又耐湿的单株。

5）对高代品系进行 pH 4.0～9.0 的水培处理，测定不同 pH 下叶片干重增长量和根长增长量，筛选出在 pH 6.5～9.0 环境中生长旺盛的优良品系。

6）对高代品系进行幼穗发育节律观察比较，选择与黄淮地区气候相吻合，具有“前慢、中稳、后快”发育节律的优异品系（单棱期～二棱中期 82 天，二棱末期～雌雄蕊分化期 36 天，药隔形成期～大小孢子形成期 33 天）。

2002～2003 年：品系比较试验，同时参加国家预试。

用系谱号为‘97（11）0-45-2-2’、上年田间区号为‘5245～5248’的品系参加品种比较试验，在条锈病大发之年，抗病性表现突出；同时进行稀播繁殖，平均亩产 494.5kg，较对照‘豫麦 49’（亩产 424.5kg）增产 16.5%，综合表现突出。按照田间种植区号及品种性状，将田间种植区号为‘5245’～‘5248’的品系定为‘矮抗 58’。

2003～2004 年，参加国家黄淮南片区域试验（冬水 B 组），平均亩产 574kg，比对照‘豫麦 49’增产 5.36%，达极显著水平。

2004～2005 年，参加国家黄淮南片区域试验（冬水 B 组），平均亩产 532.68kg，比对照‘豫麦 49’增产 7.66%，达极显著水平，居第一位。

2004～2005 年，参加国家黄淮南片生产试验（冬水 B 组），14 点汇总，14 点增产，平均亩产 507.6kg，比对照‘豫麦 49’增产 10.07%，达极显著水平，居第一位。

在国家区域试验中，表现出高产、抗倒、抗寒、抗病、广适性。

2005 年 9 月，通过农业部国家农作物品种审定委员会审定（国审麦 2005008）。

三、‘矮抗 58’的育种理念

‘矮抗 58’培育者运用“增穗壮秆强根系，优化品质聚抗性”的高产小麦育种策略，创造性地设计出多性状聚合技术路线。

首先，以多穗大群体实现高产，以减少每排小穗籽粒数实现优质，解决“优质不高产，高产不优质”的矛盾。

在‘矮抗 58’选育过程中，以亩成穗数为主导，连续选择小叶多穗类型，增加亩成穗数，提高丰产性。其亩成穗 45 万穗左右，最高可成 58.5 万穗，亩产潜力 700kg 以上。通过对小麦籽粒品质的长期研究发现，小麦穗子每排小穗基部的两个籽粒品质最好，第三个籽粒品质开始下降，第四个籽粒品质急剧下降。‘矮抗 58’每排小穗一般为 2～3 个籽粒，保证了面粉品质。

其次，通过降低株高、提高茎秆质量增强抗倒性，强化根系性状选择，解决矮秆易早衰问题。在培育过程中，将材料力学应用到农作物育种中，使小麦茎秆基部刚性强，上部弹性足，承压能力和抗扭曲能力足以支持 700kg 以上的亩产量。

在‘矮抗 58’选育过程中，应用根系观察箱、根系观察墙和地下根系观察走廊，通过研究根系时空动态变化，选择出生长速度快、根量大、色泽鲜亮、水平根系和垂直根系均发达的根系类型。通过对地上植株性状和地下根系性状进行同步选择，培育出‘矮抗 58’，根系活力好，后期叶功能好，成熟期耐湿害和高温危害，抗干热风，籽粒灌浆充分，解决了小麦矮秆品种易早衰的技术难题。

最后，通过聚合抗逆、抗病性状，增强广适能力。采用连年早播，利用自然逆境、人工模拟极端低温等方法连续多代选择幼苗抗寒能力强的品系；通过多病原混合接种鉴定，强化选择抗条锈病、白粉病、纹枯病等综合抗病性；通过水旱交替法和酸碱适应性鉴定法，选育出耐湿耐旱、对酸碱性土壤适应能力强的优良株系。聚合抗冻、抗病、耐旱等多种优良性状，优化优质基因组合，选择籽粒均匀一致的结实类型，增强高产品种‘矮抗 58’的稳产性和广适性，解决了高产品种稳产性与广适性难以结合的技术问题。

1. 品种创新方案

根据黄淮麦区生态特点和品种需求，制定出“增穗壮秆强根系，优化品质聚抗性”高产小麦育种策略，即以多穗大群体实现高产；以降低株高、提高茎秆质量实现强抗倒性；强化根系性状选择，解决矮秆易早衰问题；选择优质基因及籽粒均匀一致的结实类型，提高品质及其稳定性；聚合抗逆、抗病性状，增强广适能力。综合运用主要病害接种诱发、连续多代旱涝交替鉴定选择、根系耐酸碱鉴定等多项逆境胁迫定向选育措施，实现优中选优。

2. 亲本选配

将育种目标落实到具体性状上：半冬性，中早熟，多穗，株高 70cm 左右，茎秆坚实，抗条锈病、纹枯病和白粉病，大田亩产 550～600kg，高水肥条件下具有亩产 700kg 的产量潜力。

根据优缺点互补原则，综合分析育种目标和亲本性状，在对‘百农’系列小麦品种和黄淮小麦优异种质系谱分析及丰产性、抗倒性、抗非生物逆境、抗病性遗传规律研究的基础上，选用‘百农 791’衍生的半冬性品种‘温麦 6 号’（群体大、成穗率高、丰产性好、半矮秆），‘百农 3217’衍生的弱冬性旱地品种‘郑州 8960’（小叶、抗冻、耐旱、广适性）和‘南阳 75-6’衍生的春性早熟品种‘周麦 11’（根系活力好、抗病、耐湿）复合杂交，构建分离大群体，打破不良性状连锁，实现多亲本优良性状聚合。‘矮抗 58’系谱如图 3-6 所示。

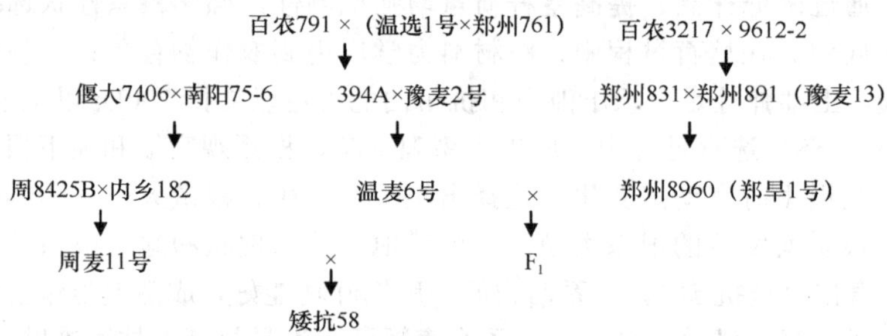

图 3-6 ‘矮抗 58’系谱图

四、‘矮抗 58’的推广前景

‘矮抗 58’自 2005 年通过农业部国家农作物品种审定委员会审定以来，在河南、安徽、江苏、陕西、山东菏泽等黄淮南部麦区广泛种植。自 2009 年以来连续多年被农业部推荐为黄淮麦区主导品种。据统计，截至 2014 年夏收，‘矮抗 58’累计种植面积达 2.3 亿多亩，在生产应用中仍保持良好的势头。

第四节 小麦品种‘洛麦 23’的选育

‘洛麦 23’是河南省洛阳农林科学院通过系谱法杂交选育而成的小麦新品种，属半冬性多穗型中熟品种。幼苗半直立，分蘖力中等，成穗率高。植株较矮，平均 76cm，茎秆弹性好，抗倒能力较强。株型紧凑，旗叶深绿色、短宽、上冲，株行间透光性好，穗层整齐，穗多穗匀。产量三要素协调，平均亩成穗 42 万穗左右，穗粒数 35 粒左右，千粒重 42g 左右。穗纺锤形，长芒，白壳，白粒，籽粒粉质，均匀饱满，容重较高，黑胚率低，商品性好。苗期长势壮，冬季抗寒性好。春季起身拔节早，抽穗略迟。农业部谷物品质监督检验测试中心 2008 年测定区试混合样品质结果：容重 808g/L，蛋白质 14.13%，湿面筋 31.5%，沉降值 24.4mL，吸水率 57.4%，稳定时间 2.0min，最大抗延阻力 170E.U.，拉伸面积 34cm^2，延伸性 138mL，籽粒硬度指数 51。2009 年品质测试结果：容重 796g/L，蛋白质含量 13.66%，湿面筋含量 31.3%，沉降值 25.4mL，吸水率 57.7%，稳定时间 1.8min，最大抗延阻力 164E.U.，拉伸面积 34cm^2，延伸性 144mL，籽粒硬度指数 50.4。

2007～2008 年度参加国家黄淮南片冬水 A 组区试，平均亩产 575.2kg，比对照'新麦 18'增产 5.4%，达极显著水平，增产点率 70%。2008～2009 年度继续试验，平均亩产 549.2kg，比'新麦 18'增产 9.42%，达极显著水平，增产点率 84.2%；比'周麦 18'增产 2.1%，差异不显著，增产点率 68.4%。两年区域试验平均亩产 562.2kg，比对照'新麦 18'增产 7.41%，增产点率 77%。2008～2009 年度参加生产试验，平均亩产 511.1kg，比对照'新麦 18'增产 7.1%，增产点率 100%。2009 年河南省超级小麦 5 亩高产攻关示范方测产：亩成穗 54.2 万穗，穗粒数 35 粒，千粒重 45g，按测产的 85%计算后平均亩产达到 725kg。2011 年'洛麦 23'进行 15 亩连片实打验收：亩成穗 54.8 万穗，穗粒数 36.8 粒，千粒重 43.6g，平均亩产 754.8kg。区域试验和生产试验结果表明：'洛麦 23'丰产性，稳产性好，在黄淮麦区南片具有广泛的适应性。图 3-7 和图 3-8 分别为'洛麦 23'区域试验和生产试验的田间表现。

图 3-7　'洛麦 23'区域试验表现

图 3-8　'洛麦 23'生产试验表现

一、'洛麦 23'的特征特性

①半冬性，多穗型，中熟品种；②集高产、稳产、抗病、抗寒、抗倒、广适性等优良性状于一体；③矮秆抗倒，综合抗性强；株高 75cm 左右，茎秆弹性好，基部节间短，抗倒能力强；抗叶锈病，抗白粉病，中抗纹枯病，综合抗病性好；④灌浆快，籽粒外观商品性优。

二、‘洛麦 23’的组合配制年代和选育过程

‘洛麦 23’以高产、稳产、适应范围广、早熟避灾的弱春性小麦品种‘豫麦 18’和江苏省大面积推广的半冬性优良品种‘淮麦 18’（‘淮阴 9628’）为亲本进行有性杂交，采用系谱法选育而成，选育过程见图 3-9。

年份	选育过程
1999	豫麦18×淮阴9628
2000	F_1
2001	F_2中选208株
2002	F_3中选226株
2003～2004	F_4中选10个株系、160个单株
2004～2005	10个株系参加品系鉴定试验
2005～2006	5个系参加产量比较试验
2006～2007	参加黄淮南片冬水组预备试验
2007～2008	参加国家黄淮南片区域试验
2008～2009	同时参加区域试验和生产试验，推荐国家审定
2013～2014	被农业部列为全国重点示范推广小麦品种

图 3-9 ‘洛麦 23’选育流程图

三、‘洛麦 23’的育种理念

1.‘洛麦 23’采用改良选择系谱法

技术要点：①精选压缩组合量，增加每一组合的制种量；②F_1种植群体增大，

便于更加准确地观察杂种优势；③F_2、F_3增加中选单株量，选择单株后取穗混脱，减少室内考种量，有利于防止优良单株丢失；④F_4选择优良单株，整株脱粒；⑤F_5机械条播，进行早代测产；⑥稳定品系进行水旱平行鉴定；⑦各世代均改点播为耧播，增加种植密度。

优点：①早代突出重点组合，随着世代增加组合量越来越少，优良基因型的种植群体越来越大，选育出优良品种的概率增大；②高代突出重点株系，可以保留更多类型的杂种后代材料，不易把受隐性基因和累加效应基因控制的优良单株丢掉；③省工，省地，节省人力；④进行稳定品系水旱平行鉴定，便于鉴定品种的适应性和稳产性。

2. 育种技术的改进

①抗寒性鉴定技术：育种早代较正常播期提前7～10天播种，使品种抗寒性充分表达；增加越冬期和起身期抗寒性选择，拔除春性不抗冻单株。②抗倒性鉴定技术：培肥地力，增加密度，改点播为耧播，使株高充分表达，提高中选品系的抗倒伏能力。③抗病性鉴定技术：改自然鉴定为接种鉴定；改单一条锈病鉴定为三锈、白粉病等多种病害同时鉴定；改种半冬性诱发行为春性诱发行；春性材料生长速度快，繁茂性好，诱发效果提高。④品质检测技术：从F_4起中选单株及高代品系，应用近红外技术进行无损检测筛选；进入产量试验进行综合品质检测，包括沉降值、湿面筋含量、微量粉质仪测定；参加预备试验的品系送国家定点品质鉴定单位进行全面品质检测。

四、‘洛麦23’的推广前景

‘洛麦23’自2009年通过国家农作物品种审定委员会审定以来，经过大面积示范种植，2014年种植面积已达500万亩以上，累计种植面积突破1000万亩，成为黄淮麦区南片的主导品种，尤其适应河南、安徽、江苏、山东西南部等小麦主产地区，推广种植面积正稳步增长。

第五节　‘内麦’系列品种的选育

四川省内江市农业科学院（农科院）根据小麦生产受条锈病、白粉病危害严重，国内市场对优质面条小麦需求增加的现状，确定了以选育高产、优质、高抗品种为育种目标的育种策略。通过育种材料创新与引进，育成了‘内麦8号’、‘内麦9号’、‘内麦10号’、‘内麦11’、‘内麦836’等系列品种。其中‘内麦8号’、‘内麦9号’、‘内麦10号’（‘杏麦2号’）为姊妹系，均以南京农业大学创制的

6VS/6AL 易位系‘92R178’为父本，‘绵阳 26’为母本，经杂交育种，采用系谱法选育而成。‘内麦 11’是以内江市农科院自育品系‘品 4’（含南京农业大学创制的 6VS/6AL 易位系血缘）为父本，‘94-7’为母本，经杂交组配，采用系谱法选育而成。‘内麦’系列品种具有高抗条锈病和白粉病、白皮大粒、优质、高产等优良特性，经过连年的推广种植，受到各地欢迎，加上多品种布局，品种优势显著，较快上升为四川省当家品种。

一、品种简介

1.‘内麦 8 号’

春性，全生育期 180～185 天，较对照‘川麦 107’推迟 1 天。幼苗直立，分蘖能力中上等。株高 77～88cm，平均株高 85.2cm，较‘川麦 107’矮 6～9cm。平均亩成穗 22.1 万穗左右，穗长方形，小穗较密，长芒，白壳，籽粒长卵形，白皮，半硬质，穗粒数 46.0 粒，千粒重 47.11g。经中国农业科学院、四川省农业科学院植物保护研究所进行抗病性鉴定，发现其免疫条锈病、白粉病，中感赤霉病。经农业部谷物品质监督检验测试中心测定，品质性状表现为容重 765.5g/L，蛋白质含量 13.8%，湿面筋含量 33.3%，沉降值 27.9mL，面团稳定时间 3.25min；产量性状表现为分蘖力强，成穗率高，千粒重稳定，产量三要素协调，丰产、稳产性好，灌浆快，落黄转色好（图 3-10），易人工脱粒。

图 3-10 ‘内麦 8 号’品种展示

2002 年参加四川省区域试验，平均亩产 362.53kg，比对照‘川麦 28’增产 38.98%。2003 年参加四川省区域试验，平均亩产 360.02kg，比对照‘川麦 107’增产 9.62%。2003 年参加生产试验，平均亩产 335.88kg，比对照‘川麦 107’（平均亩产 301.19kg）增产 11.52%。

最佳播期为 10 月底至 11 月 7 日，亩基本苗 12.0 万～14.0 万，注意防治蚜虫和赤霉病，九成黄收获。适宜四川平坝、丘陵、山区种植。

2.‘内麦 9 号’

春性，中熟，全生育期 190 天左右。幼苗直立，分蘖力较强，苗叶较窄，叶色淡绿，长势较旺盛（图 3-11）。株高 84cm 左右，植株较开张、整齐，成株叶片中等长宽、上冲。穗近棒形，长芒，白壳，白粒，籽粒粉质，较均匀，饱满。平均亩成穗 21.5 万穗，穗粒数 42.4 粒，千粒重 46.3g。抗病性鉴定：条锈病、白粉病免疫，中感赤霉病，高感叶锈病。经农业部谷物品质监督检验测试中心两次测定，品质性状表现为：容重 789.0g/L、776.0g/L，蛋白质（干基）含量 12.0%、12.8%，湿面筋含量 21.8%、24.3%，沉降值 28.2mL、28.5mL，吸水率 53.5%、53.1%，稳定时间 2.8min、5.8min，最大抗延阻力 488E.U.、443E.U.，拉伸面积 $109cm^2$、$94.2cm^2$，属中筋小麦，适合加工面条。

图 3-11 ‘内麦 9 号’品种示范

2003～2004 年度参加全国长江上游冬麦组品种区域试验，平均亩产 358.5kg，比对照‘川麦 107’增产 4.2%。2004～2005 年度继续参加全国长江上游冬麦组品种区域试验，平均亩产量 368.8kg，比对照‘川麦 107’增产 5.0%。2005～2006 年参加生产试验，平均亩产 359.3kg，比对照增产 1.84%。

立冬前后播种，每亩适宜基本苗 12.0 万～15.0 万，在较高肥水条件下栽培。适宜在长江上游冬麦区的四川、重庆、云南中部种植。

3. ‘内麦 10 号’（‘杏麦 2 号’）

春性，全生育期与对照‘川麦 107’相当，分蘖力中等，芽鞘绿色，叶色深绿，叶片上举，株高 80cm 左右（图 3-12）。穗长方形，长芒，白壳，白粒，半硬质。穗粒数 42.0 粒左右，千粒重 45.0g 左右。抗病性鉴定：高抗条锈病、白粉病，中感赤霉病。经农业部谷物品质监督检验测试中心鉴定，品质性状表现：容重 776.0g/L，粗蛋白质含量 15.5%，湿面筋含量 30.4%，沉降值 37.9mL，面团稳定时间 4.9min，属中筋小麦。

图 3-12 ‘内麦 10 号’品种示范

2003 年参加四川省区域试验，平均亩产 343.3kg，比对照增产 4.34%。2004 年继续参加四川省区域试验，平均亩产 318.9kg，比对照增产 5.55%。两年区试平均亩产 331.1kg，比对照增产 4.9%，21 个试验点中有 16 个试验点增产，增产试验点占总试验点的 76.2%。2004 年生产试验平均亩产 350.6kg，比对照增产 9.44%。

最佳播期为 10 月 28 日至 11 月 10 日，亩基本苗 12.0 万～14.0 万，穴播条播均可。适宜于四川平坝、丘陵、低山区种植。

4. ‘内麦 11’

春性，全生育期 183 天左右，成熟较早。幼苗直立，深绿色，分蘖力中等，叶较宽，叶耳紫色。株高 86cm 左右，旗叶长度中等、角度小。植株整齐，茎秆较粗壮，抗倒性好（图 3-13）。穗长方形，穗层整齐，长芒，白壳，籽粒白色，卵圆形，半角质，腹沟浅，饱满。小穗数 20 个左右，穗粒数 43.0 粒左右，千粒重 48.0g

左右。2007 年经农业部谷物及制品质量监督检验测试中心（哈尔滨）品质测定，平均容重 778.0g/L，粗蛋白质含量 14.16%，湿面筋含量 27.9%，沉降值 44.8mL，稳定时间 4.4min。经四川省农业科学院植物保护研究所鉴定，高抗条锈病，中抗白粉病，高感赤霉病。

图 3-13 ‘内麦 11’品种展示

2005 参加四川省小麦区域试验，平均亩产 381.0kg，比对照‘川麦 107’增产 14.1%，增产极显著，10 点中 9 点增产。2006～2007 年度继续参加区域试验，平均亩产 356.2kg，比对照‘川麦 107’增产 12.1%，增产极显著，10 个试验点全部增产。2006～2007 年度在双流、绵阳、资阳、射洪、达县 5 个试验点进行生产试验，平均亩产 355.7kg，5 个试验点全部增产，比对照‘川麦 107’增产 8.6%。

适播期为 10 月底至立冬，基本苗控制在 12.0 万～14.0 万/亩，加强对蚜虫和赤霉病的防治，九成黄收获。适宜四川平坝和丘陵地区种植。

5.‘内麦 836’

春性，中熟，全生育期平均 188 天左右。幼苗半直立，分蘖力较强，叶色绿，长势旺，冬季苗叶轻微黄尖。株高 79cm 左右，株型紧凑、整齐，成株叶片中等宽度、上冲（图 3-14）。茎秆弹性好，抗倒力强。穗层较整齐，结实性好。穗近棒形，长芒，白壳，白粒，籽粒半角质，较均匀，饱满。平均亩成穗 22.6 万穗，穗粒数 44.0 粒，千粒重 43.6g。抗病性鉴定：条锈病和白粉病免疫，慢叶锈病，中感赤霉病。2006 年、2007 年分别测定混合样：容重 767.0g/L、772.0g/L，粗蛋白质（干基）含量 12.74%、12.69%，湿面筋含量 23.2%、26.1%，沉降值 25.0mL、28.8mL，吸水率52.7%、53.6%，稳定时间3.6min、4.4min，最大抗延阻力343E.U.、480E.U.，延展性15.6cm、14.2cm，拉伸面积74.9cm^2、90.5cm^2。

图3-14 ‘内麦836’品种示范

2005～2006年度参加长江上游冬麦组品种区域试验，平均亩产量387.9kg，比对照‘川麦107’增产5.1%。2006～2007年度续试，平均亩产量395.27kg，比对照‘川麦107’增产5.0%。2007～2008年度参加生产试验，6点汇总，平均亩产343.42kg，比当地对照品种增产 0.94%。

立冬前后播种，每亩适宜基本苗12.0万～15.0万，在较高肥水条件下栽培，注意防治赤霉病。适宜在长江上游冬麦区的四川、重庆、贵州（贵阳、毕节、遵义）、湖北襄樊地区、云南中部、甘肃陇南种植。

二、‘内麦8号’、‘内麦9号’、‘内麦10号’、‘内麦11’、‘内麦836’的组合配制和选育过程

1.‘内麦8号’、‘内麦9号’、‘内麦10号’选育过程

‘内麦8号’、‘内麦9号’、‘内麦10号’均系四川省内江市农业科学院于1995年3月开始杂交组配，采用系谱法，经6年8代选育而成。亲本组合为‘绵阳26号’×‘92R178’，选育过程见表3-3。

2.‘内麦11’选育过程

‘内麦11’系四川省内江市农业科学院于1998年3月开始杂交组配，采用系谱法，经6年7代选育而成。亲本组合为品系‘品5’×新品系‘94-7’，选育过程见表3-4。

表 3-3　'内麦 8 号'、'内麦 9 号'、'内麦 10 号'选育过程

年份	世代	工作内容
1995 年 3 月	绵阳 26×92R178	以绵 26 为母本，南京农业大学创制的 92R178 材料为父本配制单交组合；5 月得到 F_1 种子
1995 年 6 月	F_1	F_1 在昆明夏季加代，F_1 田间表现很好；收获 F_1 植株上的种子（即 F_2 种子）
1996 年 5 月	F_2	F_2 群体于 1995 年 11 月播种，田间出现分离；根据育种目标性状要求于 1996 年 5 月选单株 106 个；按组合单株收获、考种，选留 50 个单株种子（F_3）
1997 年 5 月	F_3	F_3 群体于 1996 年 11 月播种，根据田间表现在群体内优选株系，在同一株系内优选单株，所获种子为 F_4 种子
1998 年 5 月	F_4	F_4 种子于 1997 年 11 月播种，次年 5 月收获，继续选株、选系，选中种子为 F_5
1999 年 5 月	F_5	当选系性状表现整齐一致，农艺性状、产量性状、抗病性状、丰产性均很好；田间行号：内 2938、内 4103 及内 4221
2000 年 5 月	F_6	内 2938、内 4103 及内 4221 群体抗病性鉴定：内 2938 为条锈、白粉病抗性近免疫，矮秆，平均植株高度在 85cm，籽粒灌浆好，籽粒大小均匀，籽粒卵圆，硬度较高；内 4103 和内 4221 均表现为高抗条锈病和白粉病，中感赤霉病；内 4103 株型紧凑，株高 87cm；内 4221 株型紧凑，株高 80cm
2000 年 6 月	F_7	所得群体于 2000 年 6 月在昆明夏季加代，继续选优提纯、扩繁
2001 年 5 月	F_8	2000 年 11 月，F_7 种子在四川省内江市农业科学院内进行品种比较试验，抗病性和丰产性表现突出
2002 年 5 月	F_9	2001 年 11 月，内 4103 参加四川省小麦新品种区域试验；内 4103 及内 4221 继续选优提纯
2002 年 11 月	F_{10}	内 4103 同时参加全国长江上游冬麦组品种区域试验及四川省小麦新品种区域试验；内 4221 参加四川省小麦新品种区域试验
2003 年 11 月		2003 年 11 月，内 2938 通过四川省农作物品种审定委员会审定，定名为内麦 8 号；内 4103 进入全国长江上游冬麦组品种区域试验续试；内 4103、内 4221 同时进入四川省小麦新品种区域试验续试并同步参加生产试验
2004 年 11 月		内 4103、内 4221 同时通过四川省小麦新品种审定，定名内麦 9 号和内麦 10 号；内 4103 参加全国长江上游冬麦组品种区域试验生产试验
2006 年 11 月		内麦 9 号通过全国长江上游冬麦组新品种审定

表 3-4　'内麦 11'选育过程

年份	世代	工作内容
1998 年 3 月	自育品系品 5×重庆新品系 94-7	以自育品系品 5（含 6VS/6AL 易位系血缘）为母本，重庆市作物研究所培育的新品系 94-7 为父本配制单交组合；5 月得到 F_1 种子
1999 年 6 月	F_1	F_1 在昆明夏季加代，F_1 田间表现很好；收获 F_1 植株上的种子（即 F_2 种子）
2000 年 5 月	F_2	F_2 群体于 1999 年 11 月播种，田间出现分离；根据育种目标性状要求于 2000 年 5 月优选单株 86 个
2001 年 5 月	F_3	F_3 群体于 2000 年 11 月播种，根据田间表现在群体内优选株系，在同一株系内优选单株，所获种子为 F_4 种子
2002 年 5 月	F_4	F_4 种子于 2001 年 11 月播种，次年 5 月收获，继续选株、选系，选中种子为 F_5
2002 年 6 月	F_5	当年，内 2889 在昆明夏季加代，种子为 F_6
2003 年 5 月	F_6	2002 年 11 月播种，田间编号 2889 性状表现整齐一致，农艺性状、产量性状、抗病性状、丰产性均很好
2003 年 6 月	F_7	所得群体于 2003 年 6 月在昆明夏季加代，继续选优提纯、扩繁
2004 年 5 月	F_8	2003 年 11 月，F_7 种子在四川省内江市农业科学院院内进行品比试验，抗病性和丰产性表现突出
2005 年 5 月	F_9	2004 年 11 月，参加四川省内江市农业科学院院内品比
2006 年 5 月	F_{10}	内 2889 参加四川省小麦新品种区域试验
2007 年 5 月		内 2889 参加四川省小麦新品种区域试验续试，并同步参加生产试验
2007 年		内 2889 通过四川省小麦新品种审定，定名内麦 11

3.‘内麦 836’育种过程

‘内麦 836’系四川省内江市农业科学院于 1996 年 4 月开始杂交组配，采用系谱法，经 6 年 7 代选育而成。亲本组合为‘内 5680’×‘92R133’，选育过程见表 3-5。

表 3-5　‘内麦 836’选育过程

年份	世代	工作内容
1996 年 4 月	自育品系内 5680×92R133	以自育品系内 5680 为母本，重庆市作物研究所培育的新品系 92R133 为父本配制单交组合；5 月得到 F_1 种子
1996 年 6 月	F_1	F_1 在昆明夏季加代，F_1 田间表现很好；收获 F_1 植株上的种子（即 F_2 种子）
1997 年 5 月	F_2	F_2 群体于 1996 年 11 月播种，田间出现分离；根据育种目标性状要求于 2000 年 5 月优选单株 92 个
1998 年 5 月	F_3	F_3 群体于 1997 年 11 月播种，根据田间表现在群体内优选株系，在同一株系内优选单株，所获种子为 F_4 种子
1999 年 5 月	F_4	F_4 种子于 1998 年 11 月播种，次年 5 月收获，继续选株、选系，选中植株种子为 F_5
2000 年 5 月	F_5	F_5 种子于 1999 年 10 月播种，次年 5 月收获，继续选株、选系，选中植株种子为 F_6
2001 年 5 月	F_6	2000 年 11 月播种，田间编号 2889 性状表现突出，矮秆，农艺性状、产量性状优，抗病性强，选中植株种子为 F_7
2001 年 6 月	F_7	所得群体于 2001 年 6 月在昆明夏季加代，继续选优提纯、扩繁，选中植株种子为 F_8
2002 年 5 月	F_8	2001 年 11 月，F_8 种子在四川省内江市农科院进行产量鉴定试验，抗病性和丰产性表现突出；新品系：内 2836
2003 年 5 月	F_9	2002 年 11 月，参加四川省内江市农科院院内品比
2004 年 5 月		2003 年 11 月，参加四川省内江市农科院院内品比
2005 年 5 月		2004 年 11 月，内 2836 参加国家小麦新品种区域试验预备试验（长江上游组）
2006 年 5 月		2005 年 11 月，内 2836 参加国家小麦新品种区域试验（长江上游组）
2007 年 5 月		2006 年 11 月，内 2836 参加国家小麦新品种区域试验生产试验（长江上游组）
2008 年 5 月		2007 年 11 月，内 2836 参加国家小麦新品种区域试验续试（长江上游组）
2008 年 12 月		内 2836 通过国家小麦新品种审定，定名内麦 836

三、‘内麦 8 号’、‘内麦 9 号’、‘内麦 10 号’、‘内麦 11’、‘内麦 836’的系谱

‘内麦 8 号’、‘内麦 9 号’、‘内麦 10 号’系谱见图 3-15。

‘内麦 11’系谱见图 3-16。

‘内麦 836’系谱见图 3-17。

四、‘内麦’系列品种的选育理念

1. 选育目标及技术方案

在四川省及长江上游冬麦区，冬小麦生长期间的气候特点是寡照、多湿及易发

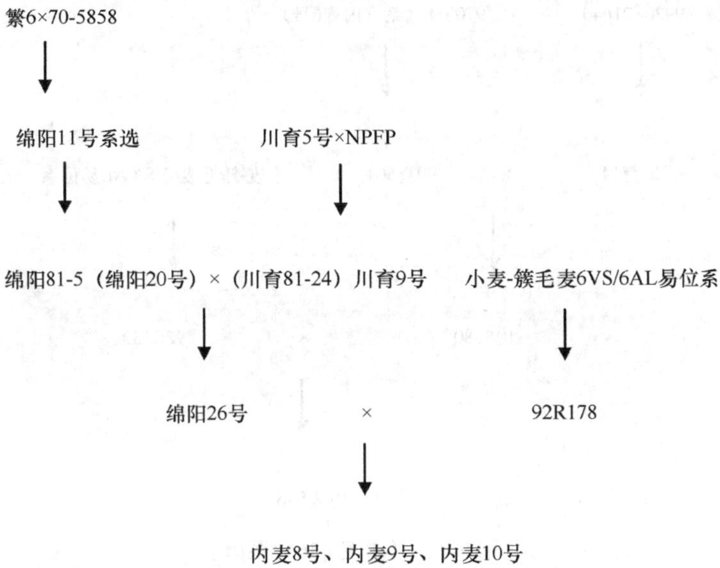

图 3-15　‘内麦 8 号’、‘内麦 9 号’、‘内麦 10 号’系谱图

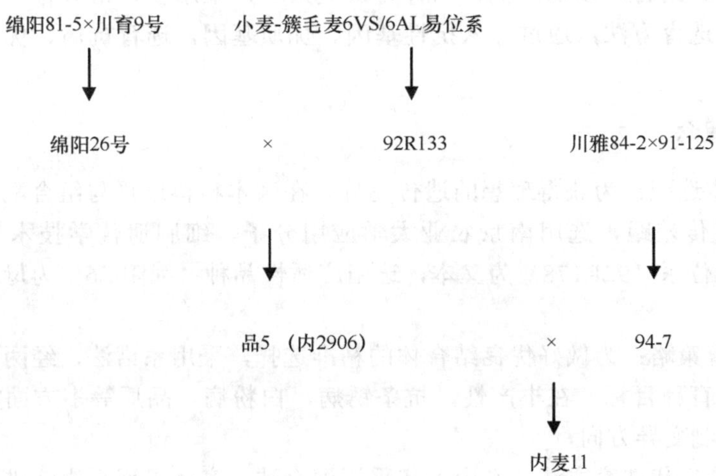

图 3-16　‘内麦 11’系谱

生冬干春旱等，导致小麦病虫害，特别是条锈病发生较重。生产上农户喜欢种植丰产、矮秆大穗（利于间套作）、白皮大粒小麦品种；粮食部门、种子市场对白粒品种需求旺盛；同时政府对高产优质专用品种提出较高要求。确定以选育优质、高产、高效小麦新品种为育种目标，是满足政府主导、市场需求与农户喜好的必然选择。根据选育目标，育种单位在技术路线上，将分子生物技术研究成果与常

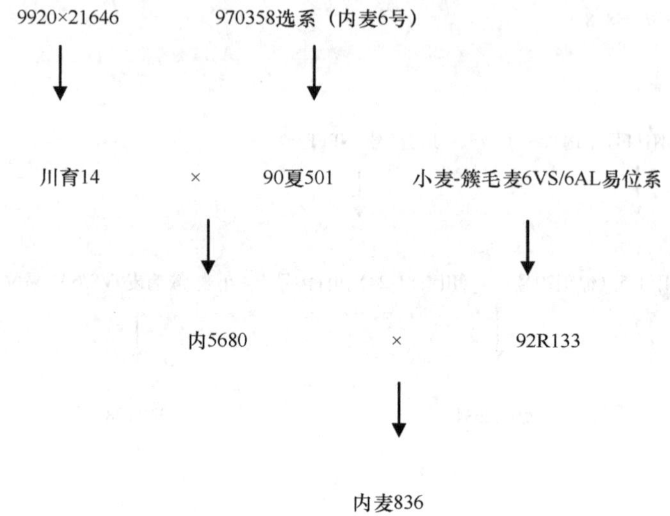

图 3-17 ‘内麦 836’系谱

规育种技术相结合，以本地优良品种为杂交亲本，采用多种常规育种技术集合而成强化定向选育方法，通过导入抗性基因、优质基因，选育抗病、优质、高产小麦新品种。

2. 选育新理念

1）亲本选配：为获得理想的遗传变异，在亲本材料选择与组合配制时，考虑适当扩大遗传差距，选用南京农业大学应用分子、细胞遗传学技术培育的抗源 6VS/6AL 易位系‘92R178’为父本，选用广适性品种‘绵阳 26’为母本，完成组合配制。

2）选育策略：为做好优良结合体的精准选择，采用系谱法，经两次昆明繁殖加代，根据育种目标，在丰产性，抗条锈病、白粉病，品质等多方面加大定向选择压力，控制变异方向。

3）杂交后代选育方法：在中低代采用混合法，高代采用系谱法进行选择。

五、‘内麦’系列品种的推广成果

‘内麦’系列品种高抗条锈病、白粉病，丰产性好，品质较优，矮秆大穗，尤适于四川丘陵区套作麦种植，深受群众欢迎，2004～2014 年，连续 10 年被推荐为四川省主导（重点）品种。‘内麦 836’被农业部推荐为 2011 年全国（西南区）主导品种，‘内麦 11’被农业部推荐为 2010 年、2012 年、2013 年全国（西南区）主导品种。目前，‘内麦’系列品种已成为四川省小麦生产上的主要栽培品种之一，‘内麦 8 号’、‘内麦 9 号’、‘内麦 11’、‘内麦 836’年种植面积都超过了 100 万亩。截至 2012 年，‘内麦’系列品种累积推广 3900.6 万亩，其中四川省推广 3260.4 万亩，重庆、贵州、云南推广 640.2 万亩。

主要参考文献

刘庆昌. 2015. 遗传学. 北京：科学出版社.

孙其信. 2011. 作物育种学. 北京：高等教育出版社.

张天真. 2003. 作物育种学概论. 北京：中国农业出版社.

庄巧生. 2003. 中国小麦品种改良及系谱分析. 北京：中国农业出版社.

Chahal G S, Gosal S S. 2002. Principles and Procedures of Plant Breeding. Pangbourne: Alpha Science International Ltd.

第四章　作物回交育种的理论基础及其育种案例分析

回交是一种特殊的杂交方式，是改进作物品种质量性状的一种有效方法。当品种 A 有良好的产量潜力，但个别质量性状存在的缺陷可能影响其推广应用时，可选择具有品种 A 所缺性状的另一品种 B 和品种 A 杂交，F_1 及以后各世代不断用品种 A 进行多次回交和选择，拟改进的质量性状通过回交后代选择得以保持，品种 A 原有的优良性状通过回交而回复，最终获得既保留了品种 A 产量潜力，原有缺陷性状又得到改良的新品种。

作物回交育种在我国作物新品种选育中起了非常重要的作用。近 20 年来，获国家科学技术进步奖的 18 个小麦品种中，涉及回交遗传改良的有 3 个；“三系”杂交水稻在生产上的利用与水稻“野败”的发现及其与栽培稻的回交转育密切相关；甜玉米、糯玉米等特用玉米自交系的选育也用到回交育种。

在作物回交育种程序中，用于多次回交的亲本称为轮回亲本（recurrent parent），因其也是目标性状的接受者，又称受体亲本（receptor）；只在第一次杂交时应用的亲本称为非轮回亲本（non-recurrent parent），它是目标性状的提供者，又称供体亲本（donor）。

回交方式可表示为：$[(A\times B)\times A]\times A$……或 $A^3\times B$ 等，式中，A 为轮回亲本，B 为非轮回亲本。另外，常用 BC_1、BC_2……分别表示回交 1 次、2 次……，BC_1F_1、BC_1F_2 分别表示回交 1 次的一代和回交一代的自交二代。

第一节　作物回交育种的理论基础

一、回交群体中纯合基因型比例

不论自交还是回交，随着世代数的增加，后代群体中纯合个体的比例越来越高，后代群体纯合个体的比例可以表示为$[1-(1/2)^m]^n$，式中，m 代表自交或回交的世代数，n 代表杂种 F_1 的杂合基因对数。但是，回交和自交后代群体中纯合基因型的组成是不同的。在自交后代群体中，纯合基因型是 F_1 杂合等位基因的所有组合，即 F_1 中有 n 对杂合基因，后代会分离出 2^n 种纯合体；而在回交后代群体中，所有纯合体都是轮回亲本的基因型，这是由非轮回亲本的基因在回交过程中不断被轮回亲本取代导致的。以一对杂合基因 Aa 为例，自交所形成的纯合基因型是

AA 和 *aa*；而回交 $Aa \times AA$ 后代群体中，纯合基因型只有一种 *AA*，即为轮回亲本的基因型。自交 F_4 群体中，*AA* 或 *aa* 两种纯合基因型个体所占比例各为 43.75%；而育种进程相同的 BC_3F_1 中，*AA* 纯合基因型个体所占比例就达 87.5%，这说明回交比自交控制某种基因型比例的效果要高得多。

二、回交群体中轮回亲本基因回复频率

轮回亲本和非轮回亲本杂交形成的杂种 F_1，双亲的基因频率各占 50%。以后杂种每与轮回亲本回交一次，轮回亲本的基因频率在原有基础上增加 1/2，而非轮回亲本的基因频率相应地有所递减。在某一个回交世代群体中，非轮回亲本的基因频率可用$(1/2)^{m+1}$来推算，相应的轮回亲本的基因频率可用 $1-(1/2)^{m+1}$ 来推算，各世代群体基因回复频率的推算如表 4-1 所示。

表 4-1　回交各世代群体基因回复频率

回交世代	基因频率/%	
	轮回亲本	非轮回亲本
F_1	50	50
BC_1	75	25
BC_2	87.5	12.5
BC_3	93.75	6.25
BC_4	96.875	3.125
BC_5	98.4375	1.5625
⋮	⋮	⋮
BC_m	$1-(1/2)^{m+1}$	$(1/2)^{m+1}$

基因回复频率计算的是所有位点的等位基因频率，与群体内纯合基因型比例是不同的两个概念。例如，轮回亲本（*AABB*）和非轮回亲本（*aabb*）存在 2 对基因的差异，BC_1F_1 群体中会出现比例相同的 4 种基因型：*AABB*、*AABb*、*AaBB*、*AaBb*；16 个等位基因中，有 12 个轮回亲本的等位基因，占 75%，符合公式 $1-(1/2)^{m+1}$ 的计算结果；但 4 种基因型中，只有 1 种与轮回亲本具相同的纯合基因型，与公式$[1-(1/2)^m]^n$ 的计算结果相符。公式$[1-(1/2)^m]^n$ 的推算结果如表 4-2 所示。

三、回交消除不利基因连锁的概率

上述回交世代群体纯合基因型回复频率是在基因独立遗传的情况下推算出的结果，实际上，回交转移的常常是含有目标基因的染色体片段。非轮回亲本的目标基因与非目标基因不可避免地会存在一定强度的连锁。假如待转移的目标基因 *A*

表 4-2 回交各世代群体中纯合基因型比例 （单位：%）

回交世代	等位基因对数										
	1	2	3	4	5	6	7	8	10	12	21
1	50.0	25.0	12.5	6.3	3.4	1.6	0.6	0.4	0.1	0.0	0.0
2	75.0	56.3	42.2	31.6	23.7	17.8	13.4	10.0	5.6	3.2	0.2
3	87.5	76.6	67.0	58.6	51.3	44.9	39.3	34.4	26.3	20.1	6.1
4	93.8	87.9	82.4	77.2	72.4	67.9	63.6	59.6	52.4	46.1	25.8
5	96.9	93.9	90.9	88.1	85.3	82.7	80.1	77.6	72.8	68.4	51.4
6	98.4	96.9	95.4	93.9	92.4	91.0	89.6	88.2	85.8	82.8	71.9
7	99.2	98.5	97.7	96.9	96.2	95.4	94.7	93.9	92.5	91.0	89.6
8	99.6	99.2	98.8	98.4	98.1	97.7	97.3	96.9	96.2	95.4	92.1
9	99.8	99.6	99.4	99.2	99.0	98.7	98.5	98.3	97.9	97.5	95.7

与非目标基因 *b* 连锁，轮回亲本 *aaBB* 与非轮回亲本 *AAbb* 杂交产生 $F_1(Ab/aB)$，F_1 回交于 *aaBB*，以后选择含有 *A* 基因的植株继续回交，在这一过程中，因为连锁关系的存在，*b* 基因也会随之传递到后代中。如果不对 *b* 基因进行选择，可以根据 Pateman 和 Lee（1960）给出的公式计算回交消除 *b* 基因的概率。

$$1-(1-p)^{m+1}$$

式中，*p* 是连锁基因的重组率，*m* 是回交次数。可以计算出回交 5 次和自交 5 次群体中不利基因消除的概率（表 4-3）。

表 4-3 回交和自交后代消除非目标基因的概率

重组率	消除非目标基因的概率	
	回交 5 次	自交 5 代
0.50	0.98	0.50
0.20	0.74	0.20
0.10	0.47	0.10
0.02	0.11	0.02
0.01	0.06	0.01
0.001	0.006	0.001

由表 4-3 可以看出，在不加选择的情况下，通过回交消除不利基因连锁的概率，明显高于通过自交消除不利基因连锁的概率。即使不存在连锁，回交 5 次比自交 5 次消除不利基因的概率也要高近 1 倍；存在连锁的情况下，回交的效果就更为明显。因为要通过交换打破 *Ab* 间的连锁，只有在双杂合基因型 *Ab/aB* 中才是可能的。回交育种中，选择具有 *A* 基因的个体与轮回亲本 *aaBB* 连续回交，这样会不断产生杂合基因型，从而增加了 *AB* 型交换配子发生的概率。而在自交群体中，每自交一

代，杂合基因型就减少 50%，也就降低了交换的可能。

但要对连锁的不利基因进行选择时，自交的效率就要高于回交。因为连续回交导入的轮回亲本的显性等位基因抑制了隐性基因的表达，需要自交一次之后使其显现后才能将其淘汰，从而影响了回交的效率。

第二节　作物回交后代的选择方法

在进行作物回交后代选择时，根据控制转育性状的基因不同，如显性基因控制、隐性基因控制、数量性状基因控制等，回交后代的处理有所不同。对于显性单基因控制性状的回交转育，回交后代选择含有目标性状的个体继续回交；对于隐性单基因控制性状的回交转育，一般采用回交和自交结合的方法，也可采用共显性分子标记辅助选择的方法；对于微效多基因控制的数量性状的回交转育，需要首先找到控制该性状的主效 QTL，然后通过分子标记辅助选择目标 QTL。

根据转育的性状不同，如植株性状、胚乳性状、雄性不育性状等，回交后代选择方法和回交方式有所不同。对于植株性状的回交转育，可在回交后代群体中，通过对植株性状的选择完成；对于胚乳性状的回交转育，则在收获籽粒后，通过对籽粒的性状选择完成；对于雄性不育性状的回交转育，在回交后代选择的雄性不育单株只能作母本继续回交。

一、显性单基因控制性状的回交转育

如果要转育的性状是由显性单基因控制，在回交过程中，转育的性状容易识别，回交比较容易进行。例如，想通过回交把抗病基因（*RR*）转移到一个具有很好的适应性但不抗病的 A（*rr*）品种中去，可将品种 A 作为母本与非轮回亲本 B（*RR*）杂交，再以 A 为轮回亲本进行回交（A 含有育种家希望能在新品种上回复的适应性和高产性状基因）。在 F_1 中抗病基因是杂合的（*Rr*），将 F_1 回交于品种 A，BC_1F_1 将分离出两种基因型（*Rr* 和 *rr*）。抗病（*Rr*）植株和感病（*rr*）植株在接种条件下很容易区别，选择抗病植株（*Rr*）与轮回亲本 A 继续回交，回交后代仍会发生病害抗、感分离，如此连续进行多次，直到背景性状回复为与轮回亲本 A 接近的世代。这时分离出的抗病植株仍是杂合的（*Rr*），必须自交一代到两代才能获得基因型纯合的稳定抗病植株（*RR*）。显性单基因控制性状的回交转育过程如图 4-1 所示。

二、隐性单基因控制性状的回交转育

如果要导入的性状是由隐性单基因控制，需对上述育种程序做适当的修改，以保证可以鉴定出携带隐性基因的目标个体。导入隐性抗病基因的回交程序如图 4-2 所示。

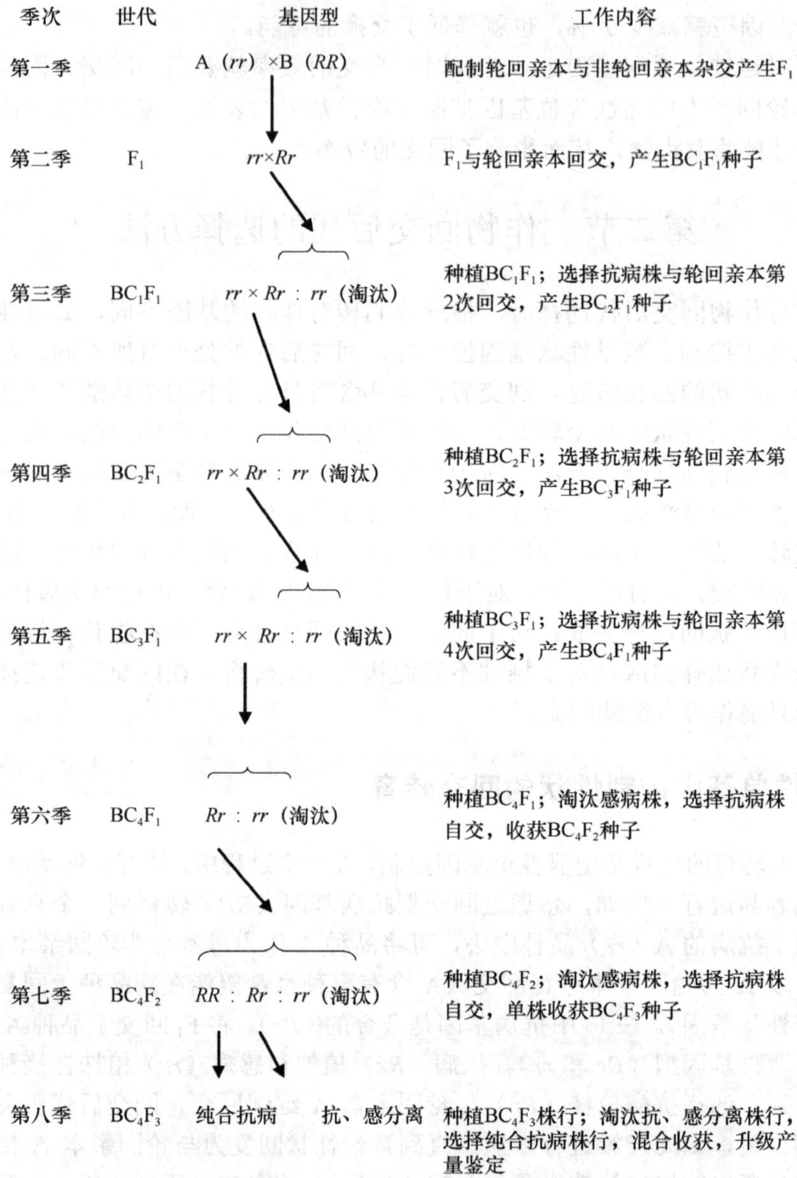

图 4-1 显性单基因控制性状的回交转育程序示意图

如图 4-2 所示，轮回亲本 A（*RR*）与非轮回亲本 B（*rr*）杂交产生 F_1（*Rr*），虽然 F_1 植株全感病，但目标性状基因存在其中，可以直接与轮回亲本回交产生 BC_1F_1。BC_1F_1 中会分离出 2 种基因型 *RR* 和 *Rr*，全部感病，此时无法鉴定哪个单株含有目标基因，可以通过自交产生 BC_1F_2 群体。自交后代分离出隐性纯合基因

季次	世代	基因型	工作内容
第一季		A（RR）× B（rr）	配制轮回亲本与非轮回亲本杂交产生F_1
第二季	F_1	RR×Rr	F_1与轮回亲本回交，产生BC_1F_1种子
第三季	BC_1F_1	RR : Rr	种植BC_1F_1；自交产生BC_1F_2种子，收获各单株种子
第四季	BC_1F_2	RR × rr : Rr : RR（淘汰）	种植BC_1F_2；选择抗病株与轮回亲本第2次回交，产生BC_2F_1种子
第五季	BC_2F_1	RR × Rr	种植BC_2F_1；与轮回亲本第3次回交，产生BC_3F_1种子
第六季	BC_3F_1	RR : Rr	种植BC_3F_1；自交产生BC_3F_2种子，收获各单株种子
第七季	BC_3F_2	RR × rr : Rr : RR（淘汰）	种植BC_3F_2；选择抗病株与轮回亲本第4次回交，产生BC_4F_1种子
第八季	BC_4F_1	Rr	种植BC_4F_1；自交产生BC_4F_2种子，收获各单株种子
第九季	BC_4F_2	RR : Rr : rr（淘汰）	种植BC_4F_2；淘汰感病株，收获抗病株

图 4-2　隐性单基因控制性状的回交转育程序示意图

型，使目标性状得以显现，这时可选择抗病株继续与轮回亲本回交产生 BC_2F_1。BC_2F_1 仍然是杂合感病基因型，不需自交，直接与轮回亲本继续回交产生 BC_3F_1。BC_3F_1 与 BC_1F_1 一样分离出的 2 种基因型，全部感病，必须经过自交鉴定后才能继续回交。经过如此几轮的循环操作，直至适宜的回交代数，再经一次自交便可以鉴定出纯合抗病株。

与显性单基因控制性状的回交转育相比，同样是回交 4 次，但隐性单基因控制性状的回交转育需要在 BC_1 和 BC_3 各增加 1 代自交；隐性纯合基因型的鉴定只要 1 代自交就可以完成，比显性纯合基因型的鉴定又节省 1 代时间。因此，对于隐性单基因控制性状的回交转育，回交 4 次总的时间比显性单基因控制性状的回交转育多 1 个生长季。

针对上述 BC_1 和 BC_3 无法鉴定哪个单株含有目标基因的问题，也可通过边自交边回交的方法将多出的 1 个生长季节省下来。BC_1F_1 群体中，有 1/2 的植株（*Rr*）含有目标基因，此时将所有单株都在与轮回亲本回交的同时自交，分别收获每一单株的自交和回交种子，下一季成对种植成株行并鉴定抗病性，全部感病的自交株行与对应的回交株行全部淘汰；自交株行抗病性出现分离的，其对应的回交株行就保留，进行下一代的回交。当然，这种办法大大增加了回交的工作量。

如果结合分子标记辅助选择技术，借助分子标记对隐性基因进行鉴定，就可以省掉自交鉴定环节，实现隐性基因的连续回交转育。

三、数量性状的回交转育

当用回交方法导入数量性状基因时，回交工作能否成功，以及回交工作进展的难易受两个因素影响：一是控制目标性状的基因的数目，二是环境对基因表现的作用。

随着控制目标性状基因数目的增加，回交后代出现目标性状基因型的比例势必降低，所以回交后代必须有足够大的群体。回交能否成功决定于对每一世代基因型的准确鉴定。当环境条件对性状的表现有明显影响时，鉴定便比较困难。在这种情况下，最好回交一次后接着就自交一次，并对 BC_1F_2 群体进行选择。因为要转育的目标性状基因有的已处于纯合状态，比完全呈杂合状态的 BC_1F_1 个体更容易鉴别。

数量性状还会涉及许多遗传力低的微效基因，采用回交法在转育供体亲本的目标性状时，很难保证将相关微效基因全部转移过来，使得回交后代的目标性状表现很难达到供体亲本的水平。因此，在选择供体亲本时，要尽可能选择目标性状比预期要求表现更强的材料，这样才有可能使目标性状在回交过程中即使有所损失还能保持在可以接受的水平。

数量性状回交转育的一般步骤如下。

第一季：轮回亲本与非轮回亲本杂交得 F_1 种子。

第二季：F_1 与轮回亲本回交，注意获得足够量的 BC_1F_1 种子。

第三季：种植 BC_1F_1 群体，选择目标性状突出的单株自交，因为只有这样的个体才可能含有更多的目标基因，收获当选单株的自交种子（BC_1F_2）。

第四季：种植 BC_1F_2 群体，根据目标性状和轮回亲本性状对单株进行鉴定，选择目标性状突出同时又与轮回亲本相似的单株，按单株分别收获 BC_1F_3 种子。

第五季：种植 BC_1F_3 株行，根据目标性状和轮回亲本性状鉴定各株行，选择目标性状突出同时又与轮回亲本相似的株行中的优良单株，与轮回亲本回交产生 BC_2F_1 种子。如果待转移的性状无法在开花前鉴定，就要多选单株进行回交，株行鉴定结束后再保留符合要求的回交种子。

第六季：BC_2F_1 与轮回亲本回交产生 BC_3F_1 种子。

第七季及以后：种植 BC_3F_1 群体，重复第三、四、五季的工作，可以得到 BC_4F_1 种子。鉴定 BC_4F_2、BC_4F_3 的表现，针对目标性状和轮回亲本性状选择符合要求的 BC_4F_3 株系，便可以获得目标性状改良的轮回亲本。如果 BC_4 之后还需回交，就可以不必与 BC_1、BC_3 一样再做 F_2、F_3 的鉴定了。

在 BC_1、BC_3 之后进行 F_2、F_3 的鉴定选择，有利于目标性状基因的聚合及与轮回亲本性状的重组，同时也可以避免依靠大量的杂交来获得数量性状转移所需的大群体。

第三节　小麦品种‘金禾 9123’的选育

‘金禾 9123’是河北省农林科学院遗传生理研究所利用自己发明的一年多代的快速育种技术，以‘92R137’为非轮回亲本，‘石 4185’为轮回亲本，通过杂交、连续 5 代回交、多代自交选育成的抗白粉病小麦品种。亲本组合为（‘石 4185’×‘92R137’）×‘石 4185^5’，既保持了‘石 4185’来源的高产、稳产、广适性、节水等特性，又具有‘92R137’的抗白粉病基因 *Pm21*，还在千粒重、耐旱性、丰产性、肥料利用效率等方面有改进和提升。2008 年通过国家冬小麦黄淮北片水地审定（国审麦 2008012），2012 年通过国家冬小麦黄淮南片水地审定（国审麦 2012008）。适宜在黄淮冬麦区的河北中南部、山东全部、山西南部、河南中北部、安徽北部、江苏北部、陕西关中地区水地种植。

一、‘金禾 9123’的特征特性

‘金禾 9123’属半冬性中晚熟品种，成熟期比对照‘石 4185’晚熟 1.4 天，耐

晚播，节水耐旱，肥料利用率高，田间长相好。幼苗半匍匐，叶色深绿，前期长势好，春季发育快，分蘖力较强，成穗率较高。株高75cm左右，株型紧凑，茎秆较粗，弹性好，抗倒性好。叶片宽大，旗叶上举，有干尖。穗层整齐，穗中大，呈长方形，长芒，白壳，白粒，籽粒半硬质，较饱满，籽粒均匀度一般。亩成穗40万～45万穗，穗粒数34～38粒，千粒重42～44g。后期耐高温，落黄一般，但好于‘石4185’。免疫白粉病，中抗秆锈病，中感纹枯病，中感至高感叶锈病，高感条锈病、赤霉病。抗寒性中等。农业部谷物品质监督检验测试中心品质测定（2007年、2008年、2010年、2011年共4年）：容重766～788g/L，粗蛋白质含量（干基）13.26%～14.53%，湿面筋含量31.1%～33.2%，硬度指数58.0～63.8，沉降值18.3～24.0mL、吸水率54.5%～56.4%，稳定时间1.2～1.9min。

二、‘金禾9123’的组合配制和选育过程

1. 亲本选配

（‘石4185’×‘92R137’）×‘石4185^5’

‘石4185’：由石家庄市农业科学研究院（农科院）用太谷核不育轮回群体，将‘植8094’、‘豫麦2号’、‘冀麦26’聚合杂交，然后系选而成，出圃代号为‘90-4185’（F_4）。1997年1月通过河北省农作物品种审定委员会审定（冀审麦97001号），1999年9月通过农业部国家农作物品种审定委员会审定（国审麦990007），2001年通过河南省农作物品种审定委员会审定（豫审麦2001004号）。属半冬性中早熟冬小麦品种。幼苗半匍匐，分蘖力较强，亩成穗多。耐寒，耐旱，耐盐碱，抗干热风，熟相较好。株高75cm左右，茎秆韧性好，抗倒伏能力强。长芒，白壳，纺锤穗，穗长8cm左右，穗粒数33粒左右；白粒，半硬质，千粒重38g左右，籽粒饱满，光泽好；容重790g/L；高感白粉病。

‘92R137’：由南京农业大学以普通小麦‘扬麦158’与簇毛麦远缘杂交育成，为高代6VS-6AL易位系。属半冬性中晚熟品种。幼苗半匍匐，叶色浅绿，叶片宽大下披，分蘖力中等，抗寒性一般。株高82cm左右，穗层整齐，长芒，黑壳，纺锤穗，穗粒数36粒左右；白粒，半硬质，千粒重42g左右。含有1对完全显性抗白粉病基因*Pm21*，对白粉病主要生理小种表现免疫。

2. 选育过程

（1）快速回交转育阶段

1997年，以‘石4185’为母本、‘92R137’为父本进行有性杂交，然后利用一年多代的快速育种技术（离体培养+理化调控+分子鉴定）进行连续回交、自交。

具体做法是：授粉 10～15 天后，对幼胚进行离体培养直接萌苗，3 天后进行 25～30 天的绿体春化处理，然后移栽到温室花盆中，通过对基质、养分、水分（限水）、温度、湿度、光照等因素进行调控促进植株生长发育，抽穗后去雄，再以‘石 4185’为父本（轮回亲本）对其进行回交，之后对其幼胚进行离体培养直接萌苗、幼苗春化、移栽、回交等。如此往复，连续回交 5 代，在每个回交世代进行前景（*Pm21* 基因）选择和背景（以‘石 4185’为基础的综合农艺性状）选择。自交得到 BC_5F_2。

（2）田间选择阶段

从 BC_5F_2 中选择抗病单株混收，于 1999 年秋在河北省农林科学院院内试验地种成 BC_5F_3 群体，行距 30cm，株距 10cm，规模 1 万株，2000 年夏于小麦收获前依据农艺性状和抗病性进行田间选择，经室内考种后入选 325 个单株。

入选单株种子（BC_5F_4）分为两份，于 2000 年秋在河北省农林科学院院内试验地、河北省农林科学院鹿泉大河试验站种成株行，行长 5m，行距 25cm，株距 7cm（以后世代的种植方式与此相同）。依据两地的表现，在评价株行抗病性、丰产性等农艺性状的基础上选择单株，夏季收获并经室内考种入选 445 个单株。

入选单株种子（BC_5F_5）于 2001 年秋仍在河北省农林科学院院内试验地和大河试验站两地同时种植，在对株行综合农艺性状进行遗传稳定性评价的基础上进一步选择单株，2002 年夏季收获并经室内考种入选 600 个单株。

入选单株种子（BC_5F_6）于 2002 年秋季在大河试验站种成株行，在对株行综合农艺性状及其遗传稳定性进行综合评价的基础上进行决选，2003 年夏季从中筛选出 102 个优系进入下年度产量比较试验。其中‘金禾 9123’的系谱号为‘A5-9123-2-2’。

（3）产量比较试验及区域试验

2003～2004 年度，参加初步产量比较试验。间比排列，不设重复，正常肥水管理。

2004～2005 年度，参加自设产量比较试验。分正常肥水和节水 2 种处理，随机区组排列，正常肥水处理 3 次重复，节水处理 2 次重复。择优选择两种处理下都表现优异的品系参加国家或省级区域试验。

2005～2006 年度，参加黄淮冬麦区北片水地组预备试验。

2006～2007 年度，参加黄淮冬麦区北片水地组第一年区域试验。2007 年申请国家植物新品种权保护。

2007～2008 年度，参加黄淮冬麦区北片水地组第二年区域试验和生产试验。2008 年通过国家黄淮北片品种审定。

2008～2009 年度，参加黄淮冬麦区南片水地组预备试验。

2009～2010 年度，参加黄淮冬麦区南片水地组第一年区域试验。

2010～2011 年度，参加黄淮冬麦区南片水地组第二年区域试验。2011 年获得国家植物新品种权保护。

2011～2012 年度，参加黄淮冬麦区南片水地组生产试验。2012 年通过国家黄淮南片品种审定。

三、‘金禾 9123’的育种理念与体会

1）以由远缘杂交而来的目标性状突出的优异材料为供体亲本，以综合性状优良的生产品种为受体亲本，在优异品种的基础上通过添加新的优异性状或基因创造“更优”，不断实现对现有品种的超越。利用回交技术，开拓远缘杂交后代材料和其他具优异性状材料的高效利用途径，让生产品种不断适应新的变化需求，并不断提升和丰富遗传基础。

2）高新技术与传统技术密切结合，温室种植与大田种植合理衔接。以“幼胚培养+高效春化+理化调控+分子标记辅助选择”建立的小麦快速育种技术，实现了冬小麦 1 年 5 代的快速回交改良。在‘金禾 9123’早代选育过程中，采用这一技术大大缩短了育种年限，提高了育种的效率和品种改良的效果。

3）前期的室内回交，每一轮的轮回亲本均来自大田生产的种子，注意对目标性状的追踪。后期的田间鉴定与选择，在接近于大田生产要求的条件下进行，至少在两个地点评价选择，水旱地鉴定结合，以保障遗传评价与判断的真实性和选出品种的适应性。

4）回交育种并不是在轮回亲本基础上对单一目标性状的改良，还有在其基础上的进一步优选。育成的‘金禾 9123’与‘石 4185’相比，不仅提高了对白粉病的抗性（来自供体亲本），而且在千粒重、耐旱性、丰产性、肥料利用效率等方面都有很大的提高。

四、‘金禾 9123’的推广前景

无论是在黄淮北片还是在黄淮南片，多年多点试验表明，‘金禾 9123’的产量三要素构成协调，具有亩产 600kg 以上甚至 700kg 的高产潜力，常规栽培条件下大面积种植很容易实现亩产 550kg。该品种对不同气候、不同土壤环境表现出突出的适应性和稳产性。

‘金禾 9123’对白粉病抗性突出（在黄淮北片表现免疫），对小麦纹枯病有较好抗性或耐性，对干旱和瘠薄等非生物逆境也有很好的耐性，是一个节肥节水的高产品种。在石家庄市农科院开展的对 100 多个品种进行节水能力探测的试验中，0 水、1 水、2 水灌溉条件下，‘金禾 9123’产量均名列前茅。河北省农林科学院

旱作研究所鉴定‘金禾 9123’的抗旱指数达到 1.2。河北农科院粮油作物所的栽培研究表明，‘金禾 9123’的氮肥施用量可比常规栽培少 20%。除此之外，‘金禾 9123’的耐晚播性也非常突出，比正常播期晚播 10～20 天不减产。‘金禾 9123’的田间表现和籽粒性状见图 4-3 和图 4-4。

目前，‘金禾 9123’处于生产推广高峰期，在黄淮冬麦区年推广应用播种面积突破了 500 万亩，推广应用前景巨大。

另外，利用‘金禾 9123’作亲本具有很高的配合力，已从大批新配置的组合中选育出大量的优异品系。

图 4-3 ‘金禾 9123’田间表现

图 4-4 ‘金禾 9123’籽粒表现

第四节 小麦品种‘农大 1108’的选育

‘农大 1108’是利用“滚动式加代回交转育”和穿梭育种策略，选用国外优质抗病基因资源与国内高产品种有性杂交、回交，采用系谱法，结合温室抗病性鉴定和加代进行定向选择与不同生态区多点鉴定选育出的高产、稳产、抗病、抗逆小麦品种。‘农大 1108’属半冬性大穗型品种。幼苗半匍匐，苗期叶稍长，叶色浓绿，冬季耐寒性较好，分蘖力强，成穗率适中。春季返青起身晚，起身后发育速度快，抗倒春寒能力突出，育性好，结实率高。株型偏松散，穗下节长，旗叶上冲，平均株高 77.2cm，茎秆粗壮，抗倒伏能力较强。长方形大穗，结实性好。籽粒为椭圆型大粒，穗粒数偏多，大小均匀，角质，黑胚少，饱满度中等。根系活力好，叶功能期长，耐后期高温，成熟落黄好。平均生育期 224.6 天，比对照品种‘周麦 18’早熟 0.4 天，属中熟型品种。品质性状表现：蛋白质含量（干基）14.01%，容重 792g/L，湿面筋含量 29.0%，降落数值 270s，吸水量 59.4mL/100g，形成时间 3.0min，稳定时间 3.4min，弱化度 121F.U.，沉降值 57.0mL，硬度 63HI，出粉率 71.6%（2010 年农业部农产品质量监督检验测试中心）。产量性状表现：分蘖力强，成穗率较高；千粒重稳定；产量三要素协调，丰产、稳产性好。一般平均亩成穗数 41.5 万穗，穗粒数 35.4 粒，千粒重 45.0g。在中上等肥力的地块上，‘农大 1108’具有稳产潜力（550kg/亩以上）。2013 年中国农业大学组织有关专家对荥阳市‘农大 1108’田块实地测产，在冬季寒冷、倒春寒严重等不利气候条件下，平均单产达 689.6kg/亩。‘农大 1108’的区域试验表现和灌浆期表现如图 4-5 和图 4-6 所示。

图 4-5　‘农大 1108’区域试验表现

图 4-6　‘农大 1108’灌浆期表现

一、‘农大 1108’的特征特性

①高产潜力大。‘农大 1108’在河南省冬水组参试期间，高产表现突出。品种推广期间，在河南省中北部数十个示范点，平均单产均达 600～650kg/亩以上，产量表现十分突出。②稳产性好，产量三要素协调。经过连续几年试验示范，千粒重稳定，变幅小，丰产性、稳定性均优于‘周麦 18’。③抗逆性强。‘农大 1108’抗冬季冻害及倒春寒能力强，经遗传和 DNA 分子标记分析发现，‘农大 1108’携带抗白粉病基因 *Pm2*，且在四川经鉴定表现一定的条锈病抗性，具有较好的抗病性。

二、‘农大 1108’的组合配制和选育过程

针对小麦品种产量逐年提高，生产上的病害日益严重，尤其是白粉病越来越重的现状，确定应用“滚动式加代回交转育”策略，相应的育种目标：选育单产水平在 500kg/亩左右，抗生产上主要病害白粉、条锈、叶枯等，耐旱，抗干热风，适应性广的小麦新品种。选育过程见表 4-4。

表 4-4　‘农大 1108’选育过程

年份	世代或育种进程	工作内容
1998	F_1（5108×Riband）× 温麦 6 号	以 5108 为母本，Riband 为父本配制单交组合；当年冬季在温室利用单交 F_1 与温麦 6 号组配三交组合
1999	BC_1F_1	对三交 F_1 进行春化并移栽大田，选择田间长势较好的 F_1 单株，以 F_1 为母本，‘周麦 13’为父本组配四交组合，当年冬季在温室利用周麦 13 对四交 F_1 进行回交
2000	BC_1F_1，BC_3F_1	在田间利用周麦 13 进行第二次回交，当年冬季在温室进行第三次回交并得到 BC_3F_1 种子
2001	BC_3F_2	对 BC_3F_1 种子进行春化并移栽大田，收获 BC_3F_1 植株上的种子（即 BC_3F_2 种子）；点播 BC_3F_2 群体（约 3000 粒）
2002～2007	BC_3F_3～BC_3F_7	从 BC_3F_2 开始，采用系谱法连续 6 年进行北京-河北高邑间穿梭育种定向选择，并在温室利用白粉菌株 E09 对分离世代进行抗性鉴定；到 F_4 选择 16 个抗白粉病株系，F_5 选择 15 个株系，F_6 选择 6 个株系，F_7 选择 3 个株系，其中 2 个系（1106 和 1108）表现遗传稳定，抗白粉病、条锈病、叶枯病等病害，穗大粒饱，成熟落黄好，升入产量试验，并命名为农大 1106 和农大 1108；2006～2007 年在河北省高邑原种场进行产量比较试验，3 次重复平均产量 620kg/亩，比对照石 4185 增产 4.6%
2008～2009	河南省水地冬水组预试	农大 1108 参加河南省区试预试，丰产性和抗病性表现突出，比对照周麦 18 增产 4.7%，居第一位，当年即被推荐参加河南省高肥冬水组区试
2009～2010	河南省水地冬水组区试	农大 1108 参加河南省区试第一年，8 点汇总，8 点增产，平均单产 540.4kg/亩，比对照品种周麦 18 增产 6.90%，达极显著水平，居 15 个参试品种的第二位
2010～2011	河南省水地冬水组区试	农大 1108 参加区试第二年，12 点汇总，11 点增产，1 点减产，平均亩产 578.7kg，比对照品种周麦 18 增产 3.31%，达显著水平，居 15 个参试品种的第三位；两年汇总平均增产 5.1%，增产点率 95.0%，推荐参加河南省高肥冬水组生产试验
2011～2012	河南省生产试验	农大 1108 参加生产试验，11 点汇总，10 点增产，1 点减产，平均亩产 527.9kg，比对照品种周麦 18 增产 3.7%，居 7 个参试品种的第四位，于 2012 年推荐报审并通过河南省农作物品种审定委员会审定，定名为农大 1108

三、‘农大 1108’的育种理念

1. 优势性状组合利用

‘农大 1108’的亲本品种组合为［(‘5108’×‘Riband’)×‘温麦 6/3/4’］×

‘周麦 13’，该组合综合了早熟性、抗病性和丰产性等一系列优良性状，既保证了亲本间在某一性状上相互补充，又保证了亲本间有足够的遗传差异，从而创造了丰富的遗传变异，产生较多的超亲分离，为‘农大 1108’的选育提供了选择机会。

2. 亲本的选择

‘Riband’是英国剑桥植物育种研究所（现 John Innes Centre 前身）培育的小麦品种，在英格兰和爱尔兰长期大面积种植。该品种引入中国农业大学后，经鉴定发现其对白粉病表现免疫，但非常晚熟。为了利用其白粉病抗性，选用河北农业大学选育的早熟小麦品系‘5108’与其组配单交组合。

选择‘温麦 6 号’组配三交组合的原因是‘温麦 6 号’曾是河南省大面积种植的高产品种之一，产量高，稳产性好，缺点是白粉病重，组配该三交组合可以改善其丰产性和抗病性。

为了兼顾条锈病抗性和产量潜力，选用了当时具有高产潜力和一定白粉病与条锈病抗性的品系‘周麦 13’作农艺亲本进行第四次杂交，期望把抗白粉病、条锈病，高产，适应性等特性综合到一起。为了保持后代材料的高产、丰产特性，又以‘周麦 13’进行了 3 次回交。

3. 育种方法的综合运用

（1）滚动式加代回交转育的应用

滚动式加代回交转育是中国农业大学杨作民教授提出的进行小麦抗病基因资源创新和加速利用的方法，其宗旨是选用不同小麦主产区的最佳优良品种（系）与多样化的小麦抗病基因资源进行杂交，之后利用这些优良品种（系）为轮回亲本进行回交转育，并利用温室或异地加代加速回交进程。在新的更优良的品种（系）出现时，以新的最优良品种（系）取代原来的轮回亲本，保持回交后代材料在农业性状上与最优品种（系）一致。‘农大 1108’是滚动式加代回交转育方法的经典应用，以国外优异抗病资源为母本，组合国内早熟、丰产亲本，通过加代回交转育方法，将小麦抗病基因快速导入优良品种中，实现了抗病基因的高效快速利用，同时选育出生产上能应用的优良品种（系）。

（2）穿梭育种的应用

穿梭育种法是将后代分离群体或高代品系在不同生态条件地区间轮流种植，对育种材料的适应性、抗病性和产量等性状进行选择。结合‘农大 1108’的选育过程，通过对分离世代在北京和石家庄高邑进行两地选择，人为地对育种后代施加了不同的选择压力，北京属于我国北部冬麦区，在北京可以对分离后代进行抗病性、抗寒性选择，石家庄高邑属于我国黄淮北片麦区，可以对分离后代进行丰产性选择，这样进行两地穿梭定向选择和鉴定，可以提高新品种的适应性、抗病性、丰产性。

（3）分子标记辅助选择育种的应用

近年来，分子标记技术为小麦抗病基因研究提供了重要工具。在建立与抗病基因紧密连锁或共分离的分子标记基础上，开展分子标记辅助选择和基因累加，可以大幅度提高育种效率、缩短育种时间和提高抗病性的持久性。‘农大 1108’通过分子标记检测，发现含有抗白粉病基因 *Pm2*，为培育抗病小麦品种提供了新的抗源和分子辅助选择育种工具。

四、‘农大 1108’的推广前景

2014 年 5 月 28 日，一则来自人民网的消息称，在郑州市荥阳广武镇 20 000 亩‘农大 1108’小麦示范生产田观摩现场，驻马店农业科学研究院研究员张子亮对‘农大 1108’给予了高度评价：‘农大 1108’将很多看似难以协调的优良特性集于一身，实现了抗冬季低温和抗倒春寒相结合，高产与抗倒伏相结合，多抗与广适相结合，外观商品性良好与内在品质优秀稳定相结合，是一个高产、重穗、抗倒、抗逆等特性突出的小麦新品种，对黄淮麦区小麦品种合理布局和种植业结构调整有重要作用。群众对这个品种的评价是："个子低、秆子硬、抗倒伏、不生病、穗子多、粒子重，谁见谁说好，谁种谁高兴，亩产千斤有保证"。2012 年通过国家新品种审定后，该品种开始在中原大地加速推广，2015 年在黄淮麦区的示范推广面积近 100 万亩。

第五节　胚乳性状的回交转育

胚乳（endosperm）一般是指被子植物在双受精过程中精核与极核融合后形成的滋养组织，也称内胚乳。胚乳为许多植物（如禾本科植物）种子的重要组成部分。植物在完成双受精后，胚乳细胞的染色体组成是 $3n$，其中 $2n$ 来自极核，n 来自精核。由于受精核的影响，一些胚乳的性状（如糊粉层颜色，胚乳中的 *Wx* 基因、*Su* 基因等）常表现胚乳直感现象。

对于这类性状的回交转育，在回交后代选择时与植株性状有所不同。如果有性状标记（如玉米、小麦、水稻等的糊粉层颜色，甜玉米的籽粒形状，糯玉米、糯水稻、糯小麦、糯高粱的碘-碘化钾颜色反应等），可通过直接对回交后代的种子性状进行鉴定来选择；如果有蛋白质标记（如小麦的高分子质量谷蛋白亚基，小麦、玉米、水稻等 Wx 蛋白亚基，玉米醇溶蛋白亚基、盐溶蛋白亚基等），可以通过种子的蛋白质电泳对回交后代进行鉴定选择。

一、小麦高分子质量谷蛋白亚基的回交转育

小麦高分子质量谷蛋白亚基（high molecular weight glutenin subunit，HMW-GS）的遗传属孟德尔式遗传。由于在小麦 3*n* 胚乳形成时，来源于母本和父本的遗传物质比例不同，因此 HMW-GS 在 F_1 表现为共显性和倾母遗传现象。

许多研究结果表明：2*、17+18、5+10、21*和 14+15 等 HMW-GS 亚基与小麦烘烤品质正相关。在小麦品质育种中，可以通过回交方法将优质 HMW-GS 转育给有推广前途的高产小麦品种，培育高产、优质小麦品种。

在回交转育过程中，回交后代的 HMW-GS 鉴定非常重要。一般用半粒小麦籽粒（无胚）检测 HMW-GS 的组成（图 4-7），筛选出含有目标 HMW-GS 的材料后，其对应的另一半（有胚）籽粒用于种植，继续回交。待回交后代的产量性状和农艺性状同受体亲本一样或接近时，再自交两代就可以得到优质、高产的小麦品种。

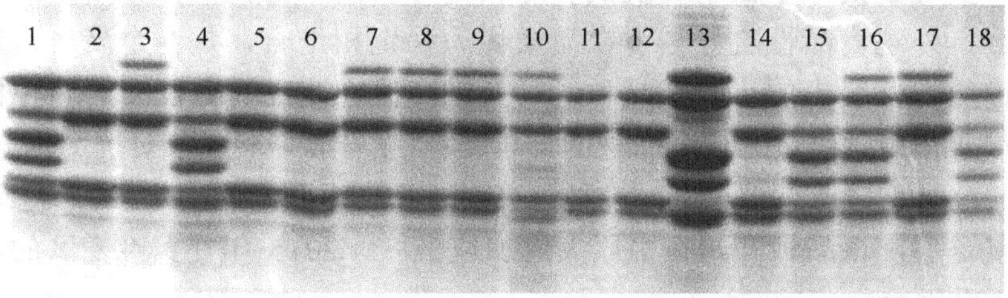

图 4-7　小麦回交后代 HMW-GS 检测

小麦 HMW-GS 的回交转育步骤如下。

第一季：受体亲本与供体亲本杂交。

第二季：F_1 与轮回亲本回交，获得足够量的 BC_1F_1 种子，每粒种子切成两半，不含胚的一半用于 HMW-GS 电泳鉴定。如图 4-7 所示，以回交转育 17+18 亚基为例，其中泳道 13 为供体亲本（1、17+18、5+10），泳道 14 为受体亲本（7+8、2+12），在 BC_1F_1 中选择带有供体 HMW-GS（泳道 1、4、15、16 和 18）的含有胚的另一半种子播种于田间，用于进一步回交。

第三季：种植 BC_1F_1 群体，选择除目标性状（HMW-GS）之外的其他农艺性状像轮回亲本的单株进行回交，按单株收获 BC_2F_1 种子，电泳检测同第二季。

第四季：种植 BC_2F_1 群体，工作内容同第三季，按单株分别收获 BC_3F_1 种子，

检测 HMW-GS 组成，选择含有供体 HMW-GS 的籽粒。

第五季：种植 BC_3F_1 群体，如果回交后代其他农艺性状还没恢复，则继续回交转育，检测 HMW-GS；若农艺性状的回复已合乎要求，则将入选单株自交，按单株收获，检测 HMW-GS 组成，选择含有供体 HMG-GS 的纯合籽粒（BC_3F_2）。

第六季：种植 BC_3F_2 群体，选择农艺性状像轮回亲本的回交后代单株自交，按单株收获。

第七季：将入选单株种成株行，因为目标性状（前景）经前几代选择已具有供体亲本的 HMW-GS，这时只需针对受体亲本性状（背景）进行选择，选择符合要求的 BC_3F_3 株系，便可以获得 HMW-GS 改良的受体亲本。

二、甜玉米的回交转育

甜玉米突变体为隐性基因控制，其回交转育可以采用杂交两代再自交一代的方法，也可以采用边自交边回交的方法。

在甜玉米回交转育过程中，对于自交后代，要选择表现皱缩或凹陷型（前景）的玉米籽粒播种，在田间尽量选择其他性状（背景）和受体亲本相似的单株继续回交，直到回交后代的综合性状接近受体亲本。

1. 连续杂交两代再自交一代的方法

具体方法是在第一次回交后进行自交，在自交果穗中选择皱缩或凹陷型的玉米籽粒（甜玉米籽粒）播种；在开花期选择农艺性状接近轮回亲本的植株进行第二次、第三次回交，再从回交三代（BC_3F_1）选择优良植株自交，在自交果穗中选择甜玉米籽粒播种。如此每两代回交后再进行一代自交，经 4～6 代回交即可选出具有受体亲本优良性状的稳定甜玉米自交系（表 4-5）。采用这种转育方法，每三个育种季节可回交两代，且在每个自交世代都从分离的果穗中选择纯合的甜质基因型作为下一代种子。

2. 边回交边自交的方法

为了减少回交转育代数，且不影响转育效果，回交后代各单株均留 2 个果穗，其中 1 个果穗用受体亲本授粉，另 1 个果穗用于套袋自交，同时给它们相应编号。收获时观察自交果穗，有甜玉米籽粒的保留相应单株的回交果穗；没有甜玉米籽粒的则淘汰其相应的回交果穗。下一年种植保留的回交种子，如此连续回交与自交同时进行 4～5 次，最后再自交 2 次，即可转育出具有普通玉米自交系遗传背景的甜玉米自交系。

表 4-5 甜玉米回交转育程序——连续杂交两代再自交一代的方法

（引自刘纪麟，2002，稍作修改）

世代	杂交或回交方式	工作内容
F_0	A（+/+）×D（*sh2/sh2*）	选用普通玉米优良自交系 A 为受体亲本，超甜玉米（*sh2sh2*）自交系 D 为供体亲本，配制杂交组合
F_1	（+/*sh2*）×A（+/+）	F_1 籽粒为杂合体，且籽粒是正常的；播种 F_1 籽粒；F_1 植株与轮回亲本 A 回交
BC_1F_1	（+/*sh2*），（+/+） ⊗	由于显性基因的作用，回交 BC_1F_1 籽粒基因型出现分离，表现型不发生分离，籽粒均为正常型籽粒；播种 BC_1F_1 籽粒，田间选类似受体亲本 A 的单株自交
BC_1F_2	（*sh2/sh2*）×A（+/+）	杂合基因型后代出现分离；选凹陷型的籽粒播种；选优良的类似受体亲本 A 的单株继续与 A 回交，得 BC_2F_1 种子；播种 BC_2F_1 籽粒
BC_2F_1	（+/*sh2*）×A（+/+）	选类似受体亲本 A 的 BC_2F_1 单株继续回交
BC_3F_1	（+/*sh2*），（+/+） ⊗	选类似受体亲本 A 的单株自交，选凹陷型的籽粒作种子
BC_3F_2	（*sh2/sh2*）×A（+/+）	选类似受体亲本 A 的单株回交
BC_6F_1	（+/*sh2*） ⊗	
BC_6F_2	A（*sh2/sh2*） ⊗	凹陷型的籽粒即为性状稳定的超甜玉米
BC_6F_3	A（*sh2/sh2*）	具有普通玉米优良自交系 A 同样遗传背景的超甜玉米自交系

三、糯玉米的回交转育

糯玉米的回交转育过程同甜玉米回交转育。以优良的普通玉米自交系作为受体亲本，以糯玉米（*wxwx*）为供体亲本，回交 5～6 代再自交至稳定，就可以培育出优良的糯玉米自交系。只不过在种子分离世代，在玉米果穗上切开玉米籽粒种皮，露出胚乳部分，用 I-KI 染色，选择染色为棕红色的籽粒播种，在田间选择像受体亲本的植株进行回交和自交。具体回交转育过程如表 4-6 所示。

表 4-6 糯玉米回交选育程序——连续杂交两代再自交一代的方法

（引自刘纪麟，2002，稍作修改）

世代	杂交或回交方式	工作内容
F_0	A（+/+）×D（*wx/wx*）	选用普通玉米优良自交系 A 为受体亲本，糯玉米（*wxwx*）自交系 D 为供体亲本，配制杂交组合
F_1	（+/*wx*）×A（+/+）	F_1 籽粒为杂合体，且籽粒是正常的；播种 F_1 籽粒；F_1 植株与轮回亲本 A 回交
BC_1F_1	（+/*wx*），（+/+） ⊗	由于显性基因的作用，回交 BC_1F_1 籽粒基因型出现分离，表现型不发生分离，籽粒均为正常型籽粒；播种 BC_1F_1 籽粒，选类似受体亲本 A 的单株自交

续表

世代	杂交或回交方式	工作内容
BC_1F_2	（*wx*/*wx*）×A（+/+）	杂合基因型后代出现分离；选 I-IK 染色为红棕色的籽粒播种，选优良的类似受体亲本 A 的单株继续与 A 回交，得 BC_2F_1 种子，播种 BC_2F_1 籽粒
BC_2F_1	（+/*wx*）×A（+/+）	选类似受体亲本 A 的 BC_2F_1 单株继续回交
BC_3F_1	（+/*wx*），（+/+） ⊗	选类似受体亲本 A 的单株自交，选 I-IK 染色为红棕色的籽粒作种子
BC_3F_2	（*wx*/*wx*）×A（+/+）	选类似受体亲本 A 的单株回交
BC_6F_1	（+/*wx*） ⊗	
BC_6F_2	A（*wx*/*wx*） ⊗	I-IK 染色为红棕色的籽粒即为性状稳定的糯玉米籽粒
BC_6F_3	A（*wx*/*wx*）	具有普通玉米优良自交系 A 同样遗传背景的糯玉米自交系

第六节　雄性不育性状的回交转育

作物雄性不育对作物杂种优势利用具有重要意义。由于大多数作物雄性不育突变体的综合性状表现较差，无法直接用于作物杂种优势利用中，常常需要通过回交转育将雄性不育基因导入综合性状较好的育种材料中。雄性不育性的回交转育方法同其他植株性状的回交转育一样，只不过在杂交后代及回交后代中选择雄性不育单株作母本，轮回亲本作父本。在回交后代中选择前景为雄性不育性，选择背景为综合性状较好的轮回亲本。

水稻野败雄性不育的回交转育

自 1970 年李必湖在海南崖县发现了 3 个雄花异常的野生稻穗（野败）至水稻“三系”制种成功，在不到 4 年的时间里，就实现了籼稻的“三系”配套，仅仅用了 6 年时间，用三系法生产的水稻杂交种就开始在生产上大面积推广。

研究证明，‘野败’是一株难能可贵的、不可多得的、野生稻与栽培稻天然杂交产生的 F_1，其植物学特征和生物学特性与普通野生稻类同，唯不育性受胞质胞核不育基因控制，一般栽培稻 85%左右的品种为其保持系；15%左右的品种为其恢复系。但要把‘野败’转育成“不育系”进而实现“三系”配套，直到应用于大田生产，这中间需要用回交的方法将野生稻中的雄性不育基因转育到栽培稻中。

因为‘野败’不育株除不育性外，其他性状基本上与普通野生稻相同，在生产上无直接利用价值，需把‘野败’的不育基因转入栽培稻，进而培育出生产上所需要的不育系、保持系和恢复系，以实现“三系”配套。

利用‘野败’选育不育系实质上是一个核置换过程，即把具有保持雄性不育特性的父本的细胞核，通过杂交和连续回交转到‘野败’的细胞质中，取代原来的细胞核，这个置换过程一完成，则不育系及其相应的保持系就培育成功了。选育程序可分两个步骤：第一，广泛测交，以筛选保持力良好的各类品种；第二，择优回交，以加速核置换过程。

在籼稻方面，到1974年夏季为止，共测品种731个，其中保持力较好的624个，占测交品种的85.3%；有恢复力的89个，占12.2%；其余为部分保持的，占2.5%。对于保持力良好的组合，择优回交选育不育系，也就是在杂种中选择雄性完全不育、性状倾向父本和开花正常的植株作母本。例如，以‘二九南一号’和‘71-72’为父本，按此标准与野败连续回交3代，群体分别为3000多株和7000多株，基本能保持完全不育，在形态上已与父本一致，初步育成了这两个品种的同型不育系，1974年夏这两个不育系已进入回交7代，育性稳定。具体过程见图4-8。

年份	母本		父本	工作内容
1971年3月	野败	×	6044	
1971年12月	F_1	×	二九南一号	共18株，有育性分离，选综合性状像栽培稻性状的全不育株
1972年6月	三交F_1	×	二九南一号	共4株，完全不育，选1株性状比较像父本的
1972年10月	BC_1F_1	×	二九南一号	共12株，完全不育，选3株性状像父本的
1973年2月	BC_2F_1	×	二九南一号	3个株系，共65株，完全不育，其中1个株系在形态上已与父本相似
1973年6月	BC_3F_1	×	二九南一号	20个株系，6177株，完全不育株率90%，其中有12个株系、3500株性状与父本基本上相同
1973年9月	BC_4F_1			10个株系、3000株，完全不育性状无分离，与父本一致

图4-8　‘二九南一号’不育系选育过程（引自袁隆平，2010，稍作修改）

主要参考文献

崔俊明. 2007. 新编育种学. 北京：中国农业科学技术出版社.

刘广田，李保云. 2003. 小麦品质遗传改良的目标和方法. 北京：中国农业大学出版社.

刘纪麟. 2002. 玉米育种学. 北京：中国农业出版社.

刘庆昌. 2015. 遗传学. 北京：科学出版社.

孙其信. 2011. 作物育种学. 北京：高等教育出版社.

袁隆平. 2010. 利用野败育成水稻三系的情况汇报.//袁隆平. 袁隆平论文集. 北京：科学出版社.

张天真. 2003. 作物育种学概论. 北京：中国农业出版社.

Chahal G S, Gosal S S. 2002. Principles and Procedures of Plant Breeding. Pangbourne: Alpha Science International Ltd.

Pateman J A, Lee B T O. 1960. Segregation of polygenes in ordered tetrads. Heredity. 45(4): 459-466.

第五章　作物杂种优势的理论基础及其育种案例分析

杂种优势（heterosis）一般是指遗传基础不同的亲本杂交产生的杂种，在生长势、生活力、抗逆性、繁殖力、适应性、产量和品质等方面优于亲本的现象。

杂种优势是生物界普遍存在的现象，作物杂种优势利用是现代农业科学的主要成就之一。作物杂种优势利用在杂种玉米上的应用最早，成绩也最显著，一般可增产 20%以上。玉米杂交种、水稻杂交种、棉花杂交种、高粱杂交种、向日葵杂交种、油菜杂交种等都是杂种优势利用的代表性案例。近 20 年来，获国家科学技术进步奖的玉米杂交种、油菜杂交种、棉花杂交种都是作物杂种优势利用的代表。

第一节　作物杂种优势的形成机制

自 20 世纪 30 年代初开始推广玉米杂交种以来，杂种优势利用逐渐扩大到水稻、油菜、高粱等作物，成为当今获得农作物大面积增产的重要手段之一。但作物杂种优势形成机制作为生物学中的一个重大科学问题，迄今尚未阐述清楚。

一、杂种优势产生的原因

杂种优势是一种很复杂的遗传和生理现象。优势的产生是由双亲的遗传差异所致，其作用机制很复杂。综合目前各方面的研究，一般认为作物杂种优势是由下列多种不同效应产生的。

（一）细胞核内等位基因的相互作用

1. 显性假说

显性假说（dominance hypothesis）由 Davenport（1910）首先提出，1910 年 Bruce 对其做了较为详细的解释，此后经 Jones（1917）和 Collins（1916）的发展，成为解释杂种优势的一个重要理论。

该假说认为，杂种优势是由双亲的显性基因全部聚集在杂交种中而引起的互补作用所致。显性基因大都对生长发育有利，而相对的隐性基因大都对生长发育不利。不同来源的品系或自交系中包含不同的不利基因，在这些品系间的杂交种中，由于一个亲本的显性有利基因有可能掩盖来自另一亲本的不利基因，因此杂交种表现出超出双亲的生长优势。例如，有两个玉米自交系，假定它们有 5 对互为显隐性关系的基因，且位于同一染色体上，其基因型分别为 *AAbbCCDDee* 和 *aaBBccddEE*，F_1的基因型是 *AaBbCcDdEe*（图 5-1），F_1中的显性有利基因总数必将超过任一亲本。由于这种显性掩盖作用和显性基因的累加作用，F_1表现出明显的优势。

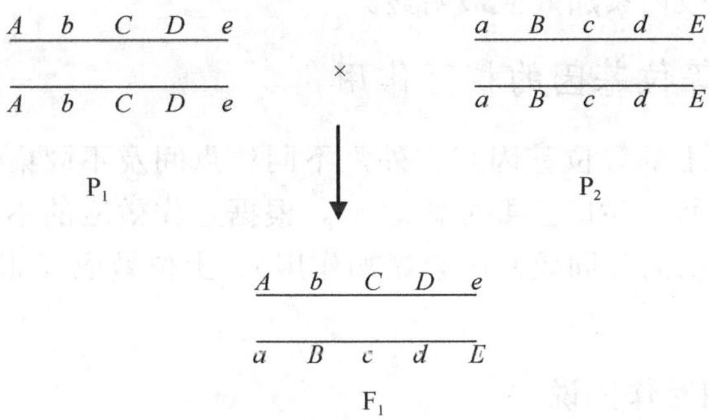

图 5-1　显性效应示意图

A B C D E 为显性基因；*a b c d e* 为隐性基因

显性假说虽然得到了许多试验结果的证实，但这一假说也存在不少缺点。它只考虑了显性等位基因的作用，没有考虑到非等位基因的相互作用，更没有考虑到杂种优势的性状大多是数量性状，是受多基因控制的，基因效应是累加的。因此，这个假说还不能完全解释杂种优势产生的原因。

2. 超显性假说

超显性假说（overdominance hypothesis）又称等位基因异质结合假说，是 1918 年由 Shull 和 East 分别提出的。该假说认为，等位基因之间没有显隐性之分，等位基因的杂合及其与其他基因间的互作是产生杂种优势的根本原因。根据这个假说，杂合等位基因间的相互作用比纯合等位基因间的作用大，而且基因杂合的位点越多，每对等位基因间作用的差异程度越大，杂交 F_1 的优势也就越明显。

这一假说的基本原理在于：杂合等位基因（*a1a2*）在生理、生化反应能力及适应性等方面均优于任何一种纯合类型（*a1a1* 或 *a2a2*）。假定纯合等位基因 *a1a1* 能支配一种代谢功能，另一对纯合等位基因 *a2a2* 能支配另一种代谢功能，杂合等位基因 *a1a2* 将能同时支配两种代谢功能，因而杂交种 F_1 的生长优于任一亲本。由于这一假设可以解释杂交种远远优于最优亲本的现象，故称为超显性假说。总之，由于等位基因的互作，常可导致来源于双亲的代谢机能的互补或生化反应能力的加强，因此杂合体的新陈代谢在强度上和广度上都比纯合体优越。超显性假说也在一定程度上解释了各类作物杂种优势的强弱取决于等位基因间与非等位基间复杂的互作效应。

上述两种假说，一个强调显性基因作用，另一个强调基因间相互作用，它们既非互相排斥又不能概括一切。根据数量性状的遗传分析，杂种优势的遗传实质在于显性效应、累加效应及异位显性作用、互补作用和超显性作用等各种基因的互作效应。在某一材料中可能只有某一种遗传效应决定某种程度的杂种优势，如玉米杂交群体中一般以累加效应最明显。

（二）细胞核非等位基因的相互作用

除了同一位点上的等位基因互作外，不同位点间及不同染色体间的非等位基因互作也是杂种优势产生的主要原因之一。根据互作效应的不同，又可分为累加效应（决定同一性状的各同效基因起累加作用）、上位效应（非等位基因的掩盖）和重组效应等。

上位假说和基因组互作假说

上位假说（epistasis hypothesis）认为杂种优势产生于各种非等位基因间的互作。杂交增加后代杂合程度，非等位基因间互作加强，使杂交种优于双亲。QTL遗传分析和分子遗传学研究也证明了基因上位性作用的存在。

基因组互作假说（genome interaction hypothesis）认为显性假说、超显性假说和上位假说在对杂种优势的成因解释上都不是完整的和全面的。因为杂种优势往往是等位基因的显性和超显性作用及非等位基因互作的结果。有时一种效应可能起主要作用，有时则是另一种效应起主要作用。在控制一个性状的许多对基因中，有些是不完全显性，有些是完全显性，还有的是超显性，有些基因之间有上位效应，有些基因之间则没有上位效应等。

Srivastava 和 Nath（1983）提出染色体组-胞质基因互作模式，又称为基因组互作模式。她认为：基因组之间互补可能包括细胞核与叶绿体、线粒体基因组的互作与互补。杂种优势是由这些互作和互补所致，在小麦族中发现的不同来源核质结合的核质杂种表现有杂种优势的事实支持这一假说。染色体组-胞质基因组互作模式弥补了显性假说和超显性假说在细胞质效应和核质互作效应方面的不足。

（三）细胞核与细胞质的互作

杂种优势不仅仅是一种由核基因所控制的生物学现象，还包括细胞质基因的作用，特别是核基因与胞质基因间的相互作用尤为重要。根据我国研究，水稻某些杂交组合的正反交杂种 F_1，在优势的强弱表现上有所不同；同一核基因型置于不同胞质背景的杂交水稻中，其优势也有差异，证明了核质互作可产生不同程度的优势效应。

上述各种机制对杂种优势的贡献大小，并不是均等的，因组合不同而异。一般说来，核基因的作用大于胞质基因的作用，核内等位基因的互作是产生优势的基本原因。

二、基因差异表达与杂种优势

从基因组组成上看，作物杂交种的全部基因组来自两个亲本，并没有新的基因出现，但其性状并非亲本的简单组合，这可能与来自亲本的基因在杂交种中表达方式改变有关。研究表明，杂交种与亲本相比，不但在转录组上出现显著变化，而且在蛋白质组上发生了明显的表达改变，表现为加性和非加性差异表达模式，其中加性表达模式表示杂交种中的表达水平等于两个亲本的平均值，即中亲表达，可以解释为基因的加性效应。在非加性表达模式中，存在单亲沉默、双亲共沉默、杂交种特异、杂交种增强、杂交种减弱、杂交种偏低亲和杂交种偏高亲等多种差异表达类型，其中单亲沉默、杂交种偏低亲和偏高亲可解释为基因的显性效应，双亲共沉默及杂交种特异、增强和减弱可解释为基因的超显性效应，这与在基因组水平的研究结果相吻合，即多种分子模型共同对作物杂种优势的形成起作用。迄今为止，已经建立了水稻、小麦和玉米等不同作物杂交种与亲本不同组织和器官的表达谱，并筛选出了大量的差异表达基因。但关于这些基因的差异表达调控机制及其与杂种优势表现的关系还不十分明确。

第二节　作物杂种优势利用方法和途径

一、作物杂种优势利用必需的基本条件

要充分有效地利用作物的杂种优势，必须具备下列基本条件。

1. 有纯度高的优良亲本品种或自交系

优良的亲本品种或自交系是组配强优势杂交种的基础材料，其基因型的纯合程度直接影响亲本自交系优良性状的遗传与表现。如果基因型是杂合的，杂交种一定会出现性状分离，丧失了保持优良亲本品种（或自交系）优良性状、有效利用作物杂种优势的遗传基础。

2. 有强优势的杂交组合

这里所指的强优势是广义的，既包括产量优势，又包括其他性状的优势，如抗性优势，表现为抗主要病害、抗倒伏等；品质优势，表现为营养成分高或适口

性良好等；适应性优势，表现为适应地区广或适应间套作等；生育期优势，表现为早熟性或适应某种茬口种植等；株型优势，表现为耐密植或适于间套作等。凡只是产量方面具有强优势而其他性状不具优势的杂交组合，往往不能稳产高产，风险性较大，不宜推广利用。强优势的杂交组合还必须具有优良的综合农艺性状，具有较好的稳产性和适应性。这类杂交组合的出现概率很低，可能是几百分之一甚至几千分之一，必须在育种过程中经过大量组合筛选，并通过多年、多点的试验比较和生产示范，才能作出正确的结论。

3. 繁殖与制种工序简单易行，种子生产成本低

在生产上大面积种植杂交种时，必须建立相应的种子生产体系。这一体系包括亲本种子的繁殖和杂交种种子的制种两个方面，以保证每年有足够的亲本种子用来制种，有足够的商品杂交种种子供生产使用。在种子繁殖和杂交种制种中，要满足以下 3 个条件。

1）有简单易行的亲本品种（系）自交授粉繁殖方法，以保持亲本纯度，提高亲本种子产量。

2）有简单易行的配制大量杂交种子的方法，保证杂交种子质量，提高制种产量，降低生产成本。

3）有健全的体系和制度，如繁殖亲本与制种的种子生产体系，与之配套的技术措施与管理制度，杂交种子推广销售网络等。

二、不同繁殖方式作物杂种优势利用的特点

1. 自花授粉作物和常异花授粉作物

自花授粉作物和常异花授粉作物由于长期自花授粉，品种内各植株间的性状一致，个体基因型纯合，两个品种杂交得到的杂交种整齐一致。这类作物利用杂种优势的主要方式是，选择两个表现整齐一致的优良品种或者品系进行杂交获得品种或者品系间杂交种。对常异花授粉作物而言，为了防止天然杂交，保持和提高品种纯度，可结合选择进行人工自交。自花授粉和常异花授粉作物都是雌雄同花，去雄不易。杂种优势利用的关键是杂交去雄问题，可利用雄性不育系或者自交不亲和系制种。

2. 异花授粉作物

对异花授粉作物而言，天然杂交率高，天然授粉群体品种的遗传基础较复杂，品种内植株间遗传组成不同，性状差异较大，个体基因型杂合。因此，虽然可以利用品种间杂交种，但是 F_1 生长不整齐，杂种优势不够强，产量不够高。

在利用异花授粉作物杂种优势时，首先通过多代的人工自交，结合性状选择，选育出高度纯合的优良自交系，同时测定其配合力；再根据杂交种品种亲本选配的原则，组配出强优势的杂交种。大体步骤是：①从原始育种群体（包括农家品种、综合群体、经轮回选择改良的群体及单交种、双交种等）、不同种质资源类群（包括 Reid 群、Lancaster 群、Tuxteno 群、唐四平头群、旅大红骨群等）中选择优良单株；②连续进行几代自交和选择，培育出性状整齐一致的优良自交系；③在自交的同时进行测交，从中选择配合力好的自交系彼此杂交；④经产量比较试验，选出强优势组合供生产利用。这种异花授粉作物杂种优势利用方式，把自交、选择和杂交 3 个环节结合起来，使 F_1 性状优良且整齐一致，提高了杂交种的优势和具有增产效果。

3. 无性繁殖作物

大多数无性繁殖作物在一定条件下能进行有性繁殖。这类作物（如甘薯、马铃薯）进行有性杂交后，杂种优势可通过无性繁殖方法继续保持下去，免除年年制种的麻烦。但其原始品种群体遗传基础复杂，所有的个体都是杂合的，有性杂交时杂种一代会出现性状分离，所以要在杂交后代中进行单株选择，筛选出优良无性系；或以优良无性系配成强优势组合，再用无性繁殖加以利用。

第三节 玉米杂交种‘农大 108’的选育

根据玉米生产中存在的单产低、品质差等主要问题，中国农业大学通过引进种质资源，扩大遗传基础，培育出突破性优良自交系‘黄 C’和‘178’，并在此基础上培育出高产稳产、优质、适应性广的玉米杂交种‘农大 108’，该品种于 2000～2002 年成为我国种植面积最大的玉米杂交种，被农业部列为“十五”期间 10 个重点推广品种的首选品种，2002 年获国家科学技术进步一等奖。

一、‘农大 108’培育过程

1. 引进高赖氨酸基因（O2）

利用从南斯拉夫引进的高赖氨酸 O2 种质，通过杂交和连续回交方法，将常用自交系转育成高赖氨酸 O2 同型系（1973～1978 年）（图 5-2）。

2. 选育兼具早、晚熟特性的二环系

选育‘早熟 O2’系和‘晚熟 O2’系组成早晚熟杂交种，连续自交从中选育（1979～1984 年）（图 5-3）。

1973年	早熟黄小162×O2系	晚熟自330系×O2系
1974年 F_1	(黄小162×O2系)×黄小162	(330× O2系)×330
1975年 BC_1	(黄小162×O2系)2×黄小162	(330×O2系)2×330
1976年 BC_2	(黄小162×O2系)3×黄小162	(330× O2系)3×330
1977年 BC_3	(黄小162× O2系)4×黄小162	(330×O2系)4×330
1978年 BC_4	黄小162/O2	330/O2

图 5-2 ‘黄小 162’和‘330’高赖氨酸同型系的回交转育

1978年 BC_4	黄小162/O2 × 330/O2
1979年 F_1	(黄小162/O2 × 330/O2)
1980年 S_1	自交
1981年 S_2	自交
1982年 S_3	自交
1983年 S_4	自交
1984年 S_5	自交

图 5-3 从早晚熟杂交种中选育自交系过程

3. 引入热带种质与优质蛋白质基因，选第二轮二环系

与带有 O2 修饰基因（QPM）的热带综合群体杜斯皮诺（Tuxpeno-QPM）杂交，连续自交选育‘黄 C’。同时用美国杂交种连续自交，选育另一二环系‘178’（1985～1991 年）（图 5-4）。

1991 年大量测配，1992～1993 年通过鉴定和品比试验选出最优组合（‘黄 C’×‘178’），1994～1996 年参加国家区试，1997 年生产示范，1998 年开始推广。

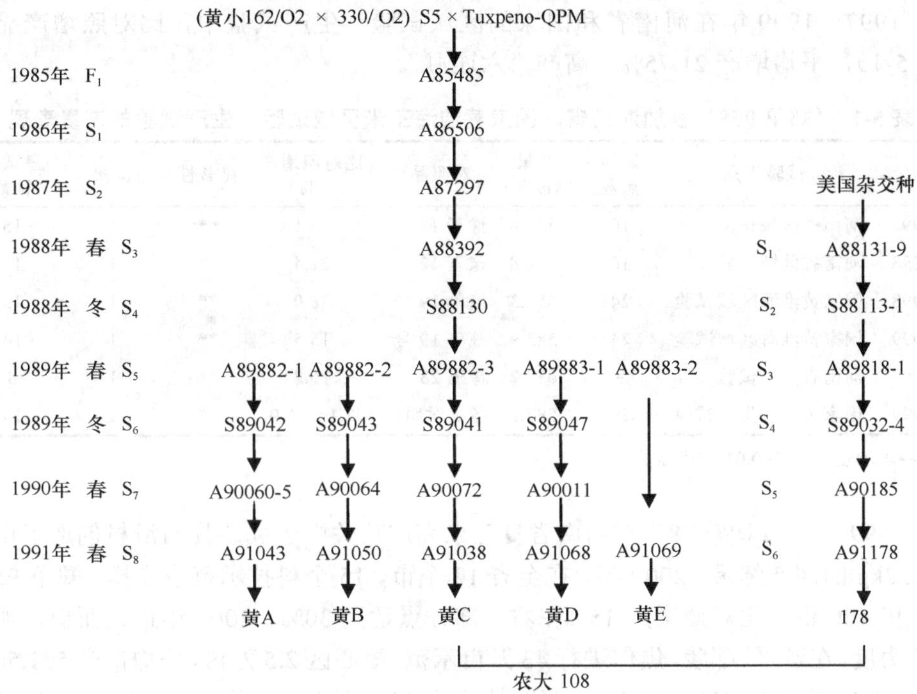

图 5-4　‘黄 C’及二环系‘178’选育过程

二、‘农大 108’培育过程中的创新点

1）选育了两个全新的玉米自交系。‘黄 C’和‘178’与常用自交系没有亲缘关系或亲缘关系很远，‘178’属新的杂种优势群。

2）打破了长期以来常用杂交种遗传基础狭窄的局面，实现了最广泛的种质结合。

3）多次导入新种质，丰富了自交系种质基础。

第四节　玉米杂交种‘郑单 958’的选育

‘郑单 958’是河南省农业科学院粮食作物研究所堵纯信研究员育成的高产、稳产、多抗、适应性广的玉米新品种，该品种是以‘郑 58’为母本、‘昌 7-2’为父本杂交选育而成的中早熟玉米单交种。先后通过山东、河南、河北 3 省和国家审定，并被农业部定为重点推广品种。自 2004 年以来，‘郑单 958’已成为我国玉米种植面积最大的品种，并连续被农业部发布为主导品种。该品种耐密植，适应性好，实现了高产与稳产的结合，并且制种产量高，深受农民、企业和基层农业主管部门青睐，推广面积持续快速增长。

1997～1999 年在河南省和国家的区域试验、生产试验中，比对照增产显著（表 5-1），平均增产 21.75%，高产“六连冠”。

表 5-1　‘郑单 958’参加河南省、国家黄淮海玉米区域试验、生产试验的产量表现

年份	试验类别	试验点数	产量/（kg/亩）	对照品种	比对照增产/%	显著性	位次	参试品种数
1997	河南省区域试验	10	558.0	豫玉 12	15.1	**	1	15
1998	河南省区域试验	10	512.8	豫玉 12	22.4	**	1	15
1998	国家黄淮海区域试验	24	577.3	掖单 19 号	28.0	**	1	13
1999	国家黄淮海区域试验	24	583.9	掖单 19 号	15.5	**	1	14
1999	河南省生产试验	9	630.2	豫玉 23	15.2	**	1	8
1999	国家黄淮海生产试验	29	587.1	各省对照种	7.1～15.0	**	1	13

**表示差异达 $P<0.01$ 的极显著水平

1999 年，‘郑单 958’在河南省夏玉米高产攻关中于武涉县西滑村创造了亩产 927.32kg 的高产纪录。2000 年，在全省 12 个市、15 个科技示范乡安排‘郑单 958’示范田 400 亩，比对照增产 15%左右，部分点达到 30%。2001 年扩大面积，加大示范力度，在遂平、郾陵、焦作进行 43 万亩示范，核心区 2.5 万亩，平均亩产 561.5kg，比 2000 年增产 20.5%～47.4%；辐射带动区 40.5 万亩，平均亩产 445kg，比 2000 年亩增产 60kg 以上。2002 年，在遂平、兰考、焦作进行 47.4 万亩示范，核心区 1.4 万多亩，亩增产 62.1kg（13.6%），辐射带动区 46 万亩，在全省普遍减产的情况下，亩增产 12.8～60kg，产生了显著的经济和社会效益。

一、‘郑单 958’的特征特性

幼苗叶鞘紫色，叶色淡绿，叶片上冲，穗上叶叶尖下披，株型紧凑，耐密性好。夏播生育期 103 天左右，株高 250cm 左右，穗位高 111cm 左右，穗长 17.3cm，穗行数 14～16 行，穗粒数 565.8 粒，千粒重 329.1g，果穗筒形，穗轴白色，籽粒黄色，偏马齿形，抗病性较好。图 5-5 为其果穗和籽粒的表现。

二、‘郑单 958’的组合配制和选育过程

1. 基础材料的引进与筛选

玉米育种“重在组配、难在选系”。对国外引进的杂交种和自交系及国内生产上应用的众多亲本自交系进行考察鉴定分析，最后确定重点放在优良自交系的改良上。当时生产上广泛应用、表现最突出的自交系是美国 Reid 系的‘掖 478’，优

图 5-5　‘郑单 958’果穗和籽粒

点突出，缺点明显。通过综合分析比较，确定以山东李登海先生选育的‘掖 478’作为选系的基础材料。‘掖 478’的主要性状表现在以下几方面。

1）高产：河南夏播亩产 200～300kg，西北春播亩产 400kg 左右。

2）株型紧凑：穗位以上茎叶夹角 20°～30°。

3）中熟：郑州夏播生育期 110 天，春播生育期 125 天左右。

4）抗性：根系发达，抗倒伏；高抗病毒病，抗小斑病和青枯病；穗粒腐病和大斑病较重。

5）果穗：柱型，中等偏大，籽粒浅黄色，马齿型，穗 14 行，穗轴白色（个别系浅紫色）；千粒重 290g 左右，雄穗大，分枝 15 个以上，花药黄色，绿色花丝，株高 162cm，穗位高 55cm 左右。

1988 年 9 月从各地大田繁殖的‘掖 478’中收集变异的果穗 32 个，第二年单穗编号进行种植、观察、自交、鉴定。根据田间和室内考种结果，选留株型紧凑（穗位以上茎叶夹角 15°左右）、植株较矮、偏早熟、抗性强、雄穗分枝少、透光性好、光能利用率高的植株和穗行，淘汰株型不良、抗性差、植株偏高、雄穗分枝多、生育偏晚的植株和穗行。

2. 自交系选育方法

对‘掖 478’变异杂穗采用以下 3 种技术方法处理。

1）扩大基础材料种植群体。将 32 个变异果穗中每个果穗种植 2 个小区，每个小区 40 株，以增加中选的机会。

2）高密度种植进行结穗性和结实性的选择。F_2、F_3 进行每亩 5000 株高密度种植，成熟时根据各穗行自交单株果穗结实性及对病害的抗性表现，选留抗病性强、结实性好的，淘汰病害重和结实性差的。

3）玉米自交系‘郑 58’选育过程（表 5-2）。

表 5-2 玉米自交系‘郑 58’选育过程

年份	世代	自交系选育过程
1989	S_0	基础材料掖 478 变异果穗
1990	S_1	杂 58-2
1991	S_2	杂 58-2-7
1992	S_3	杂 58-2-7-1
1993	S_4	杂 58-2-7-1-3
1994	S_5	杂 58-2-7-1-3-2
1995	S_6	杂 58-2-7-1-3-2-1
1996		杂 58 测交产量比较

S_6 进行配合力测定，先后用自育的和引进的 6 个自交系为测验种进行了测交，共配组合 35 个，增产的有 5 个组合，增产幅度 0.34%～35.76%。其中增产最突出的组合是‘郑 58-2-7-1-3-2-1’×‘昌 7-2’（表 5-3）。‘郑 58-2-7-1-3-2-1’进一步自交纯化，最后定名为‘郑 58’，其表现如图 5-6 所示。

表 5-3 玉米自交系‘郑 58’及其姊妹系的测交产量比较结果

测交组合	产量/（kg/亩）	比对照增产/%	对照种
杂 58-2-7-1-3-2-1×昌 7-2	496.34	35.76	新黄单 85-1
杂 58-2-7-1-3-1-2×昌 7-2	490.1	33.52	新黄单 85-1

三、‘郑单 958’的选育理念

河南省是黄淮海优势玉米区域带的核心地区，近年来平均年种植面积在 7000 万亩左右。以‘豫玉 22’、‘农大 108’、‘豫玉 18’为代表的第五次品种更新换代，对河南省玉米生产的发展起到了积极的作用。但是随着生产的发展、农业生产条件的改善，玉米产量不断提高，对玉米品种的丰产性、适应性、抗逆性提出了更高的要求。

从生产上推广的玉米杂交种来看，当时在生产上占主要地位的几个品种也存在一些突出缺点：一是单株生产力虽高，但群体产量不高；二是适应性差，对不

图 5-6 ‘郑 58’自交系繁殖田

良气候条件敏感，或出现畸形穗、结实性差、多穗（娃娃穗）等现象；三是种植方式要求较严格，与推广的玉米简化栽培要求不协调，种植的适宜密度范围较窄。因此，培育增产潜力大、株型紧凑、光能利用率高、适应性广、抗倒性强、适宜夏播的中早熟玉米杂交种是生产上的紧迫要求。

根据黄淮海玉米产区玉米杂交种选育的实际情况，针对玉米生产中的主要问题，制定了以种质创新为基础，选育配合力高、综合性状好的优良自交系，和以提高经济系数和结实性为突破口，选育株型紧凑、叶片上冲、能充分利用光能的中大穗高产杂交种的技术路线，利用常规杂交育种及其他相关技术，为玉米生产提供优质、高产、多抗、适应性广的紧凑型中大穗玉米杂交种。

四、‘郑单 958’的推广前景

‘郑单 958’于 2000 年通过国家和河南、河北、山东 3 省农作物品种审定委员会审定，2000 年被列入河南省重点课题，2002 年被列入河南省重大课题，2003 年被列入国家农业部、财政部的技术转化项目，进入大面积推广阶段。2000 年的示范面积 40.8 万亩，2001 年 368.8 万亩，2002 年推广到 1316.4 万亩，2003 年达到 2100.56 万亩，2004 年发展到 4661.8 万亩，成为黄淮海夏玉米区第一大品种，也是全国 2004 年种植面积最大的品种。推广区域从河南、河北、山东、江苏、安徽、山西、陕西发展到天津、辽宁、内蒙古、吉林等 10 多省（直辖市、自治区），累计推广近 8 亿亩。在黄淮海夏玉米区及新疆、华北春玉米区与京津唐春玉米区，该品种仍有较大的发展趋势。‘郑单 958’成为黄淮海夏玉米区第一品牌，成为我国第六次品种换代的标志性品种。2003 年开始，国内育种单位、河南省和大区区试把‘郑单 958’列入对照品种。

第五节 耐密型玉米杂交种‘辽单 565’的选育

玉米与其他粮食作物一样，品种在诸多增产要素中具有重要地位和作用。我国玉米平均单产为 341.3kg/亩，与美国单产水平的差距还很大（美国 3000 万 hm^2 玉米平均亩产达到 526kg，最高单产每亩 1849.5kg）。国内外玉米高产经验表明，种植矮秆耐密抗倒品种、合理增加密度是提高玉米单产的重要途径之一。我国玉米产区特别是东北春玉米区传统采用的玉米品种是高秆大穗型，适宜稀植，追求单株大穗，每亩 2800～3300 株，而国外，如美国高产区种植密度为 4000～4500 株。这种差异产生的原因主要是品种差异，即我国缺乏耐密抗倒玉米品种，这是形成多年传统稀植玉米的主要原因，也是玉米单产难以大幅度提高的主要限制因素。

基于上述问题，在实施辽宁省科技厅“九五”和“十五”攻关项目“高产、优质、多抗玉米新品种选育及配套栽培技术研究”时，课题组及时调整玉米育种方向，从创新种质资源入手，采用高密度选择方法，在高密度环境下选择，解决抗倒性、茎秆强度、株高、株型结构、结实性、果穗大小、经济系数、耐旱耐寒等问题，于 1999 年完成‘辽单 565’杂交种配制，2004 年通过农业部国家农作物品种审定委员会审定。

一、品种来源和选育过程

‘辽单 565’是以外引系‘中 106’（含也门热带血缘种质）为母本，自选系‘辽 3162’（以‘Reid-Lancaster’血缘种质在高密度及低代接种条件下连续自交 6 代而成）为父本杂交配制而成。2000 年参加测交产量比较试验，2001 年参加辽宁省农业科学院玉米研究所联合品种比较试验，表现突出。2002～2003 年参加东北早熟春玉米区域试验，2003 年同时参加该地区的生产试验，试验结果表明，该品种具有生育期适中、耐密、矮秆、高产、优质、抗病、抗倒、活秆成熟等优点。2004 年通过农业部国家农作物品种审定委员会审定。2004～2006 年，‘辽单 565’在辽宁、吉林、黑龙江、内蒙古、山东、河南、河北、天津、四川等地累计推广应用 2236 万亩，创造了较大的经济效益和社会效益。‘辽单 565’的选育过程如图 5-7 所示。

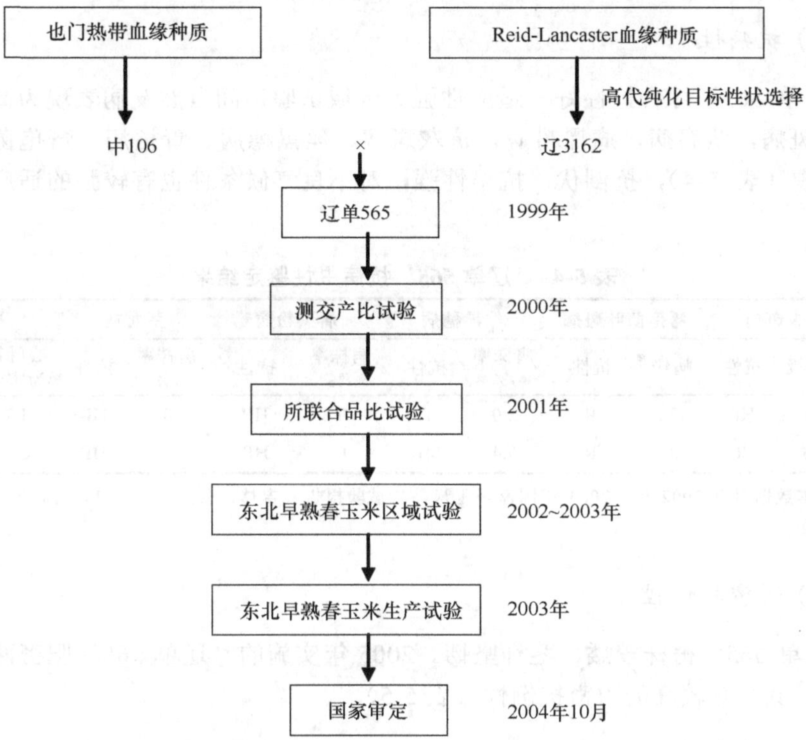

图 5-7　'辽单 565'选育图谱

二、'辽单 565'的特征特性

1. 形态特征

'辽单 565'株型紧凑，成株叶片数 20～21 片，株高 260cm，穗位高 96cm。幼苗叶鞘紫色，叶片深绿色，叶缘紫色。生长势强。花丝红色，花药黄色，颖壳褐色，花粉量大。果穗筒型，穗长 19.08cm，穗粗 5.2cm，穗行数 14～16 行，百粒重 43.1g，出籽率 88.2%。籽粒黄色，粒形楔形，穗轴红色。从植株形态指标评价，符合中大穗、中大粒、中矮秆、中高密和中晚熟等玉米育种目标要求。

2. 生物学特性

（1）生育期

'辽单 565'为中熟杂交种，春播生育期为 120 天（东北地区），夏播生育期为 90～95 天，需有效积温 2700℃左右，与'郑单 958'相当，可在东北、华北春播区及黄淮海夏播区、西南地区大面积推广应用，适应区域十分广泛。

（2）抗病性

‘辽单 565’综合抗性好，适应性强。区域试验田间自然发病表现为高抗玉米大、小斑病，茎腐病，瘤黑粉病，抗灰斑病、丝黑穗病、青枯病、弯孢菌叶斑病和玉米螟（表 5-4），抗倒伏，抗旱性强，对不良气候条件也有较强的适应性。活秆成熟。

表 5-4 ‘辽单 565’抗病虫性鉴定结果

年份	大斑病		弯孢菌叶斑病		丝黑穗病		瘤黑粉病		茎腐病		玉米螟	
	病级	抗性	病级	抗性	病株率/%	抗性	病株率/%	抗性	病株率/%	抗性	心叶期为害级	抗性
2002	1	HR	3	R	2.0	R	0	HR	0	HR	3.7	R
2003	3	R	3	R	5.4	MR	0	HR	0	HR	6.2	MR

注：本数据引自 2002 年、2003 年国家级玉米品种试验报告（吉林，公主岭）；HR 为高抗；MR 为中抗；R 为抗

（3）耐密抗倒性

‘辽单 565’植株较矮，茎秆坚韧。2005 年实施的‘辽单 565’肥密两因素试验表明，其具有较高的耐密抗倒性（表 5-5）。

表 5-5 ‘辽单 565’不同肥力、密度水平产量结果 单位：kg/亩

施肥量	4000 株/亩	4500 株/亩	5000 株/亩	5500 株/亩	6000 株/亩	6500 株/亩
25kg/亩	690.80	646.22	**713.92**	655.47	695.14	690.18
30kg/亩	627.40	651.24	635.22	620.84	614.28	579.41
35kg/亩	646.72	654.84	635.22	656.58	660.89	610.84
40kg/亩	688.50	637.53	673.11	664.63	650.25	619.45
45kg/亩	685.79	691.09	**715.23**	658.46	652.40	644.33
50kg/亩	693.22	655.87	672.83	671.05	644.68	666.55

从表 5-5 可以看出，‘辽单 565’在密度为 5000 株/亩，特别是亩施氮肥用量较低时产量表现比较突出，且效益较高。实际田间调查表明，‘辽单 565’在超过当地常规品种种植密度 50%的情况下没有倒伏发生。

（4）脱水快

‘辽单 565’秋季脱水快，收获时水分可自然降至 28%左右，有效减轻了东北地区的“水玉米”问题，也降低了贮藏过程中的损耗，实现了从高产向高产优质的转变。

3. 品质特性

‘辽单 565’籽粒品质好，经农业部谷物品质监督检验测试中心（北京）测定，籽粒粗蛋白质含量 8.71%，粗脂肪含量 4.05%，粗淀粉含量 74.09%，赖氨酸含量 0.30%。经农业部谷物及制品质量监督检验测试中心（哈尔滨）化验分析，籽粒粗蛋白质含量 8.83%，粗脂肪含量 4.28%，粗淀粉含量 74.91%，赖氨酸含量 0.24%，容重 748.0g/L。与东北春玉米区玉米的淀粉含量相比，‘辽单 565’的淀粉含量较高。

三、‘辽单 565’产量表现

适应性广，平均亩产 687.2kg，比对照‘四单 19’增产 11.0%。

1. 品种比较试验

2000 年辽宁省农业科学院院内测交产比试验其亩产 684.3kg，比对照‘四单 19’增产 18.2%。2001 年辽宁省农业科学院院内联合品比试验其亩产 753.8kg，比对照‘农大 108’增产 16.5%。

2. 国家区域试验

2002 年参加国家东北早熟春玉米区域试验，12 个区试点平均亩产 740.4kg，比对照‘四单 19’增产 9.1%，比‘本育 9 号’增产 9.7%，居第二位。2003 年参加同组生产试验，平均亩产 705.8kg，比对照‘四单 19’增产 9.3%，比‘本育 9 号’增产 10.1%，居第七位。2002～2003 两年区域试验平均亩产比对照‘四单 19’增产 9.2%，比‘本育 9 号’增产 9.8%。

在辽宁省中熟组玉米区域试验中，其平均亩产 729.2kg，比对照‘本育 9 号’增产 16.9%，全省各点均增产，居全部参试组合第一位。

3. 国家生产试验

2003 年参加国家东北早熟春玉米生产试验，平均亩产 687.2 kg，比对照‘四单 19’增产 11.0%，居生产试验 7 个品种的第三位。

4. 多点示范试种

2003 年以来，在辽宁、吉林、黑龙江、内蒙古、河北、河南、山东、天津、安徽等地的试种结果表明，‘辽单 565’平均比当地主栽品种增产 10.6%～20.8%，增产潜力巨大。

四、与国内外同类品种比较

国外玉米生产大国，特别是玉米第一生产国美国的玉米生产以密植型品种为主，抗逆性强。但是美国玉米杂交种在我国试种表现出综合抗性差，特别是抗叶斑病能力差，综合农艺性状还不能适应我国农业现有的种植条件和需求。

国内近年来选育的玉米杂交种较多，但是在生产上的寿命却相对较短。原因是其在抗逆性、适应性、品质等方面存在缺陷。当时国内最优秀品种之一‘郑单958’的特点主要表现为株高和生育期适中、合理密植产量潜力大，为我国年推广面积最大的玉米杂交种。‘辽单565’在高产、稳产、矮秆耐密植、生育期适中、活秆成熟、适应性广等方面与‘郑单958’相媲美，在容重、抗病性、品质等方面甚至超过‘郑单958’，所以有很好的推广前景。‘辽单565’曾获科技部“农业科技成果转化资金”资助，并成为科技部“粮食丰产科技工程”及农业部“科技入户”项目在辽宁省的主推品种。

五、成果创新点

1. 创造了新的杂种优势模式，成功实现了热带种质资源在寒温带的利用

利用也门热带血缘种质选育出母本‘中106’，利用美国‘Reid-Lancaster’血缘种质选育出父本‘辽3162’，二者杂交组配而成‘辽单565’，创造了全新的杂种优势模式。

在种质资源的利用上，一般热带资源引入后会导致品种生育期延长，限制种植范围。‘辽单565’不但利用了热带种质资源，而且杂交种本身生育期适中，实现了热带种质资源在寒温带的早熟利用。另外，由于双亲的亲缘关系较远，F_1杂种优势更强，增产潜力更大。同时，由于热带种质资源抗性强，杂交种的抗性大大增强。

2. 采用高密度胁迫压力选育父本自交系，提高优良自交系的选择效率

‘辽单565’父本自交系选育突破了传统方法，采用S_1～S_2密植鉴定等方法加大自交后代群体容量，即在高密度环境下低代系接种进行选系，以解决许多逆境压力问题，如抗倒性、株型结构、结实性、果穗大小、经济系数、耐旱耐寒性等。首先，加大了群体规模。将群体扩大到400行，7500株/亩，是常规方法的2倍。淘汰率达到95%以上，既增加了变异概率，又增加了选择效率，保证最终选到的材料具有高耐密性。其次，低代系接种。在S_1～S_3代接种丝黑粉病菌，大、小斑病菌等，保证选育出的材料在生产上对主要病害有高抗性。因此，1998年选育

出的父本自交系‘辽 3162’具有突破性的优点：矮秆耐密、高抗倒伏、高抗病虫害、籽粒性状优良、自身产量和配合力高、适应性强。父本自交系选育过程如图 5-8 所示。

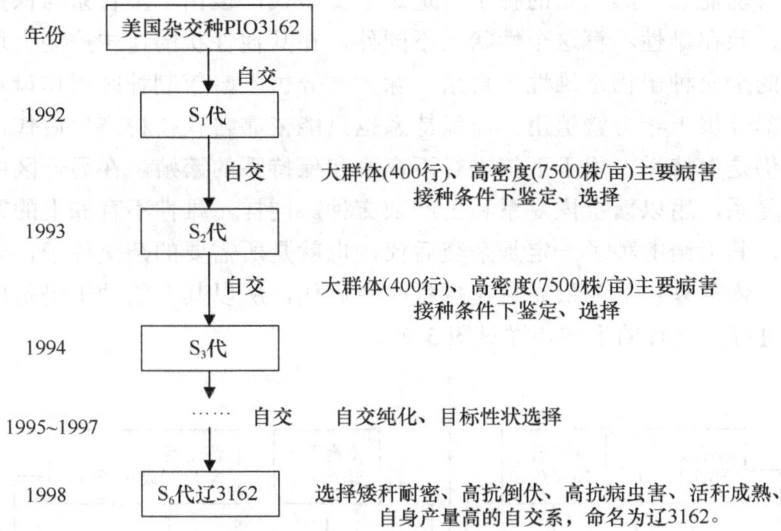

图 5-8　父本系‘辽 3162’选育图谱

第六节　杂交水稻的利用

一、“三系”及其利用

所谓“三系”是指雄性不育系、保持系和恢复系。

雄性不育系：以符号 S（*rfrf*）来表示。S 是指雄性不育（sterility），表示属于细胞质中的遗传因子；*rf*（restore fertile）表示核内没有可使雄性不育得到恢复的基因。

保持系：以符号 N（*rfrf*）来表示，这种品系的细胞质中没有雄性不育因子，是正常的，所以用 N（normal）来表示，而核中的 *rf* 不能使作物恢复育性。当它作为父本和不育系进行杂交后，雄性不育植株上结的穗子仍是雄性不育的，故称其为保持系。在“三系”中，保持系与不育系为近等基因系。

恢复系：N（*RfRf*）或 S（*RfRf*）。这种品系细胞核中存在恢复可育性的基因 *Rf*，*Rf* 对 *rf* 是显性，当恢复系和不育系杂交时，虽然 F_1 细胞质中有不育因子存在，但核中的 *Rf* 基因可抑制其作用，这样就能产生杂合的雄性可育的种子。

在利用“三系”制种时，一般设两个隔离区（称二区）。其中一个隔离区种植不育系和保持系，用以繁殖不育系和保持系。为了使不育系充分地受粉和收获方便，不育系和恢复系成行相间排列，使其充分得到杂交的机会，雄性不育株上的花粉是没有功能的，其上结的种子一定是杂交后代。但由于不育系与保持系为近等基因系，除在雄性不育这个性状上不同外，在其他性状的遗传控制上均一致，因此其上的杂交种子仍是雄性不育系，除大部分供下一年制种区用作母本外，还保留一小部分供下年再繁殖用。而保持系也只能依靠自花授粉产生后代，所以其上的种子仍是保持系，用于下年进行不育系和保持系的繁殖。在另一区中种植不育系和恢复系，用以繁殖恢复系和生产杂交种。同样，雄性不育株上的花粉是没有功能的，其上结的种子一定是杂交后代，也就是所需要的杂交种子，以供大田生产用种。恢复系也只能依靠自花授粉产生后代，所以其上的种子仍是恢复系，用于下年进行杂交种的生产。详见图 5-9。

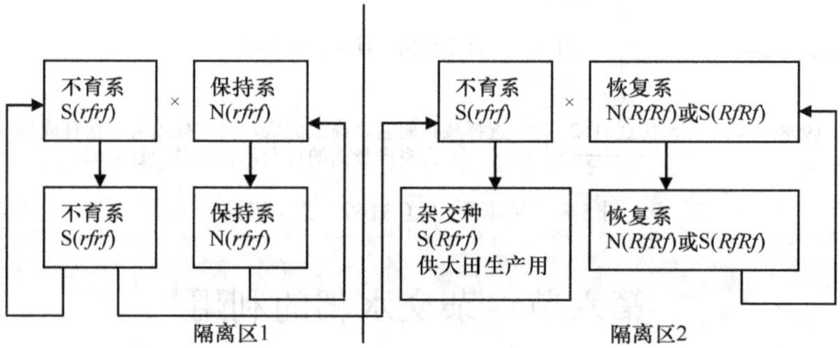

图 5-9　水稻利用“三系”配制杂交种示意图

括号外的字母为细胞质基因，S 表示雄性不育的细胞质基因，N 表示正常雄性可育细胞质基因；括号内的字母为核基因，*Rf* 表示恢复可育的核基因，*rf* 表示雄性不育的核基因

细胞质雄性不育性可分为孢子体不育（sporophyte sterility）和配子体不育（gametopbyte sterility）两类。孢子体细胞质雄性不育的育性受母体基因型控制，如带有 *Rfrf* 的杂合基因型能产生完全正常的花粉；无论是带有 *Rf* 基因，还是带有 *rf* 基因的花粉都是可育花粉，其 F_2 植株间的雄花育性发生可育和不育 3∶1 或 9∶7 的分离。例如，玉米中的 T 群和 C 群雄性不育系，水稻中的野败型雄性不育系，甘蓝型油菜中的波里马雄性不育系都属于这一类。配子体细胞质雄性不育的育性恢复受花粉粒（配子体）的基因型控制，带有 *Rfrf* 杂合基因型的植株可产生两种花粉粒，带 *Rf* 基因的花粉是可育的，带 *rf* 的花粉是败育的。理论上可育和败育花粉各占一半，而 F_1 植株都是可育的，F_2 以下发生株间育性分离。例如，玉米中的 S 型雄性不育系，水稻中的红莲型雄性不育系都属于这一类。

二、选育“三系”水稻的方法

在自然界中，虽常可发现和找到雄性不育植株，但要真正将雄性不育性用于杂交制种，以免除去雄手续，降低制种成本，提高种子质量，还必须选育出理想的“三系”。利用野败选育不育系和保持系在作物回交育种及其育种案例分析一章已有详细阐述。

对于恢复系的选育，主要采用广泛测交法。通过测交，在籼稻中筛选到一些对野败不育系具有较高恢复能力的品种。

通过测交试验发现，过硬的野败恢复系很少，而且这些为数不多的恢复系属晚熟类型，因此在优良组合选配上和在生产应用上都受到限制。解决这个问题的途径，一方面，要通过回交转育方法建立一些不同类型和品种的野败不育系，以增加不育系的个数来弥补恢复系少的缺点，扩大选择优良组合的机会；另一方面，通过继续测交筛选和回交转育选育新的优良恢复系。重点放在外引的特别是来自低纬度（如 IR 系统等）的材料。

通过回交转育，即把恢复基因转育到所需要的品种上，可采用以下两种方法。

1）从杂种后代分离群体中按系选法选育。不育系×恢复系的杂种自交后代往往发生包括育性在内的多种多样的分离，其中常会出现一些符合需要的优良全育株。按照胞质-胞核遗传理论，这种全育株的细胞质既然是不育的，其细胞核里必然会有显性恢复因子。按系选法连续选择几代，淘汰那些出现育性分离和性状不良的株系，当各株系整齐一致特别是没有育性分离时，再同不育系进行测交，从中就可能选出新恢复系。

例如，在‘朝阳一号 A’×‘科字 6 号’的子二代中，选择了一株结实正常、早熟、性状较好的单株，到自交三代育性和性状仍有分离，从中选择两个结实好的单株测交，以后每代都在恢复力较好的和没有育性分离的株系中选 1～2 个单株测交，到 1974 年夏（自交 5 代），有一对测交共 12 株杂种，其中 4 株结实 80%以上，其余株为 50%～70%，比上二、三代的恢复力大有提高。

2）选育不育系的同型恢复系。用子一代恢复株对原不育系做反回交，以后再用性状倾母本的杂种全育株与原不育系杂交，反回交三、四代后再自交一代，即可通过测交获得与原不育系同型的恢复系。

例如，为了选育粳型野败的恢复系，1972 年用柳州野生稻×‘科字 5 号’的杂种作父本同‘京引 66A’杂交，子一代杂种少量结实，但花粉正常，表明柳州野生稻（或‘科字 5 号’）含有恢复因子，于是便用杂种作父本再同‘京引 66A’杂交（反回交）。反回交一代 6 株，性状倾粳，均半结实，从中选 2 株结实较多、性状倾粳的，让其自交2代。各代自交后代都有育性分离，多数为不育和半不育，但也有少数个体结实比较正常。1974年春在自交二代中选了4个结实较好的单株同几个粳稻不育系做了4对测交，根据观察，其中1对父本无育性分离，并有一定的恢复力；29株杂种，前期在高温下抽穗的结实不良，但8月下旬晚抽的分蘖结实基本正常。

在水稻雄性不育类型中，只有核质互作雄性不育能找到保持系和恢复系，实现“三系”配套。由于三系法的制种程序和生产环节比较复杂，以致选育新组合的周期长、效率低、推广环节多、速度慢，同时种子的成本高、价格贵。三系法存在某些内在的不利因素，受严格的恢保关系制约。“三系”在水稻杂种优势利用上存在一定局限性。从作物杂种优势利用的长远战略上考虑，许多育种家都在设法探索各种新的技术路线，以期采用较简易且效率更高的两系法来取代三系法。

三、两用核雄性不育系的选育和研究

两用核雄性不育系是指既能自交结实繁殖自身，又能表现完全雄性不育用作制种工具的品种或品系。不育性由隐性核基因控制，与细胞质无关。这种核不育系是两系法杂交水稻的育种基础，它的优越性除一系能两用，不需要保持系外，还具有以下几个特点：①恢复谱极广，几乎所有同亚种的正常品种都能使其育性恢复正常。②遗传行为简单，不育性由一对或两对隐性基因控制，因而容易转育和稳定，有利于培育多种类型的不育系。③可避免不育细胞质的负效应和细胞质单一化的潜在威胁。利用两系法生产杂交种不需设置两个隔离区，只需将不育系种植在导致育性变化的两个地区。对于高温长日不育类型，在低温短日照条件下恢复育性，通过自交繁殖不育系；在高温长日照条件下表现雄性不育，与恢复系间隔种植，雄性不育株上的花粉在此条件下是没有功能的，所以其上结的种子一定是杂交后代，也就是所需要的杂交种子。详细过程如图5-10所示。

无融合生殖现象的发现为作物杂种优势利用提供了一条新的思路，也是杂交水稻由两系法到一系法的理论基础。

四、一系法杂交制种的设想

无论是三系法还是两系法生产杂交种，都存在一个不育系与恢复系的繁殖和杂交种制种过程复杂问题。无融合生殖现象的发现，为解决这一问题提供

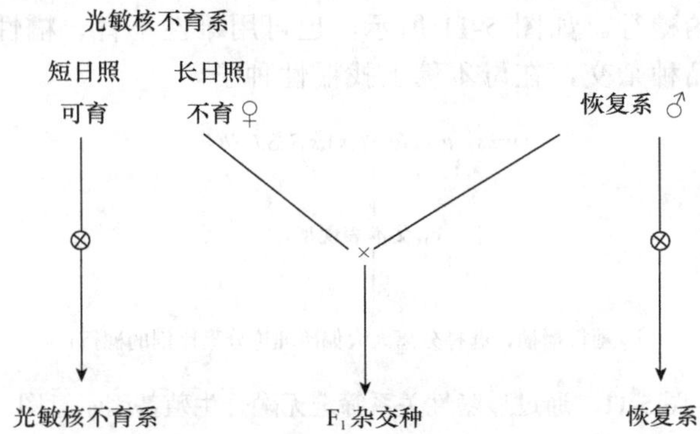

图 5-10　水稻利用“两系”配制杂交种示意图

了很好的思路。

无融合生殖可使世代更迭，但不改变基因型，后代的遗传结构与母本相同。将这种特性用到育种上，具有巨大的优越性：①无融合生殖可以固定杂种优势，育成不分离的杂交种（true breeding hybrid）。因此，只要获得一个优良的杂种单株，就可凭借种子繁殖，迅速地在生产上大面积应用其杂种优势。②简化杂交种的制种程序和方法。不需专门的制种田和隔离区，不需大量繁殖父母本，也不会因发生串粉而引起生物学混杂，因而能降低杂交种子成本和提高其纯度。③扩大杂种优势利用的领域。对难以育成“三系”的作物和靠异花传粉不能生产大量 F_1 杂交种的作物（如花生等闭花受精植物），通过无融合生殖，也能达到利用杂种优势的目的。④增加选到优良基因组合的机会。通过无融合生殖这一特殊机制，不论杂合性的复杂程度如何，都能将任何基因型固定下来。所以，无融合生殖的意义不仅仅在于固定杂种优势，还在于它能快速固定任何高度杂合的基因型，甚至包括发生疯狂分离的远缘杂种等。

无融合生殖在杂种优势利用中成败的关键在于能否获得可供利用的无融合生殖基因。从理论上推测，很多栽培作物都可能存在无融合生殖类型，然而迄今仅在为数很少的作物中有所发现。其原因，一方面作物的无融合生殖一直很少有人涉猎；另一方面大多数现行的育种方法易使人们忽略可能的无融合生殖材料。例如，杂交后代表现整齐一致或母性遗传时，就把它们当做自交后代淘汰。

理想的无融合生殖基因要具备 4 个条件：①显性遗传，②简单遗传，③无融合生殖性稳定，④专性无融合生殖。

要进一步利用无融合生殖基因，可在现有品种资源和近缘野生种中通过显隐性遗传关系筛选。例如，用具有 3 个隐性性状（雄性不育、矮秆、光稃）的品种作母本与具有相对显性性状的父本杂交，在 F_2（按穗行播插）中逐行检查表现型大大偏离理论数的穗行。如图 5-11 所示，也可用雄性不育、糯性品种作母本同雄性正常、非糯性品种杂交，在母本穗上找糯性种子。

图 5-11　通过显隐性关系筛选无融合生殖基因示意图

除此之外，还可通过多胚苗的筛选获得无融合生殖基因。多胚现象是不定胚的主要表现形式。因此，从大量品种资源中筛选多胚苗也是寻找无融合生殖材料的途径之一。此法简单易行，每个材料只需数百粒种子，发芽后一周左右，用肉眼观察就能识别出来。获得遗传的多胚材料后，需进行胚囊发育的细胞学观察，判断其是否属于无融合生殖。同时，还要配合遗传学方面的试验加以确证。例如，湖南杂交水稻研究中心与美国加利福尼亚大学进行合作研究，通过胚囊发育的细胞学观察，发现不同双胚苗品系的胚囊含有 2.6%～5.1%的不定胚，初步判断这些不定胚起源于体细胞组织（珠心或珠被）。另外，利用带有显性遗传标记的紫色稻与双胚苗杂交，后代出现相似比例的绿色苗，从而肯定了细胞学观察的结果。这项结果首次揭示了水稻中存在二倍体无融合生殖类型，虽然这些材料具有频率很低的兼性无融合生殖，离实用阶段还很远，但在科学研究上具有重要意义。

为了提高不定胚的遗传频率，可用不同来源的多胚材料互交，按以下方案进行选育（图 5-12）。染色体加倍、辐射和其他诱变处理，对提高多胚苗的遗传率也是有效的。

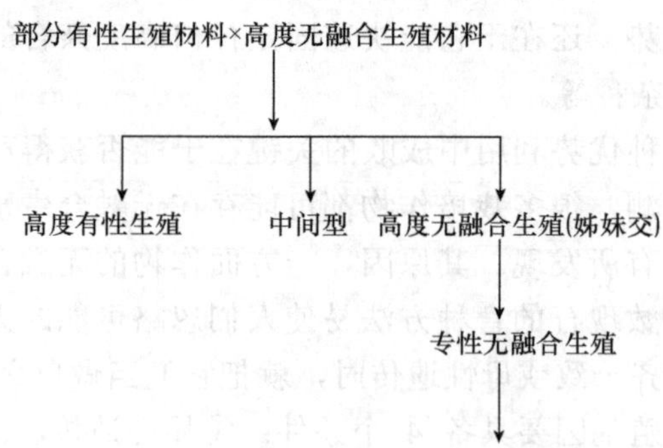

图 5-12　无融合材料筛选示意图

另外，通过异属远缘杂交，可以将近缘野生种中的无融合生殖基因转至栽培品种中。禾本科是拥有无融合生殖属和种最多的科之一。因此，通过远缘杂交把异属的无融合生殖基因导入水稻，也是一条颇有希望的途径。但常规的远缘杂交很难成功，必须借助原生质体融合、组织培养和基因工程等生物技术才能最终解决这个难题。

第七节　杂交油菜‘秦优7号’的选育

‘秦优7号’系陕西省杂交油菜研究中心于1997年育成的甘蓝型高油双低（低芥酸、低硫苷）优质油菜杂交种，其组合为双低雄性不育系‘陕3A’×双低雄性不育恢复系‘K407’。

该品种于2001～2005年先后通过陕西省、国家黄淮区、长江下游区、长江中游区及新疆品种审定，并获准在四川省、贵州省部分地区推广。2002年获国家植物新品种权。

该品种芥酸含量多年平均0.39%；硫苷含量平均25.36μmol/g饼；含油量在黄淮区43%左右，长江下游区45%左右。在1.2万株/亩密度下，单株有效角果288.5～342.9个，每角粒数23.1～25.7粒，千粒重3.0～3.2g。

‘秦优7号’于2000年和2001年参加陕西省油菜区域试验，两年平均单产208.4kg/亩产，与对照‘秦油2号’产量相当，参加生产试验比‘秦油2号’增产4.5%；同期参加全国油菜黄淮区域试验，产量、品质和综合抗性名列第一，两年平均单产211.56kg/亩产，较对照‘秦油2号’增产2.91%；其后参加长江下游区和中游区区域试验、生产试验均表现突出，并通过国家农作物品种审定委员会审定。

该品种耐寒、抗倒、抗病。全生育期217～245天，属中熟品种。

一、‘秦优7号’的特征特性

1. 品种来源

用自育的雄性不育系‘陕3A’和恢复系‘K407’杂交配制。

2. 形态特征

甘蓝型，半直立。子叶肾脏形，幼茎紫红，心叶黄绿具紫缘，深裂叶，叶缘钝锯齿状，顶裂片圆大。五叶期色绿，越冬前深绿。花色黄，花瓣大而侧叠。匀生分枝，与主茎夹角较小。角果微紫色，中长较粗，且籽粒多。在1.2万株/亩密度下，株高164.2～182.7cm，一次有效分枝8.1～9.3个，单株有效角果288.5～342.9个，每角粒数23.1～25.7粒，千粒重3.0～3.2g。种子浅黑褐色。

3. 生物学特性

弱冬性。在陕西关中东部全生育期240～250天，在长江下游区226天左右，比‘中油821’晚熟1～2天。耐肥抗倒，抗（耐）菌核病，轻感病毒病。前期发育慢，中后期特别是现蕾后发育迅速。长势强，整齐度好。

4. 生化特征

经越冬期叶柄酯酶同工酶谱分析：‘秦优7号’具有迁移率为0.33（浅）、0.36、0.40（浅）的灰绿色酶带，迁移率为0.50、0.55、0.58、0.61、0.68的棕红色酶带，迁移率为0.65、0.79（深）的咖啡色酶带。经种子幼芽酯酶同工酶谱分析：‘秦优7号’具有迁移率为0.50、0.55、0.58、0.61、0.68、0.96的棕红色酶带和迁移率为0.79（深）的咖啡色酶带。

将种子幼芽和叶柄的酯酶同工酶谱分别分析，其结果配合，可将不育系‘陕3A’、恢复系‘K407’和‘秦优7号’区别开来，以鉴定杂交种‘秦优7号’的纯度。

5. 品质特性

据农业部油料及制品质量监督检验测试中心对国家区域试验多年的抽样检测结果：芥酸含量平均0.39%，硫苷含量平均25.36μmol/g饼，含油量43.0%～45.0%，属高油分双低优质油菜杂交种。

6. 适应地区

适宜黄淮流域甘蓝型冬油菜区和长江流域两熟栽培区种植。

二、‘秦优7号’的组合配制年代和选育过程

‘秦优7号’系1996年用自育的双低雄性不育系‘陕3A’与雄性不育恢复系‘K407’杂交配制而成。后经预备试验、各级区域试验审定推广。其亲本不育系‘陕3A’和恢复系‘K407’的培育年代和选育过程如下。

（一）雄性不育系‘陕3A’及保持系‘陕3B’的选育过程

1. 选育过程

1986年，从华中农业大学引进的杂交油菜组合‘华农杂种’中分离出的早熟、角大粒多、植株较矮的低芥酸、中硫苷含量材料‘7842’作父本，与双高（高芥酸、高硫苷）不育系‘陕2A’杂交。

1987年，发现杂种F_1不育性较彻底，熟期较早，性状较好；从中选不育性较彻底的株系中的单株作母本与‘7842’回交；而用作回交父本的‘7842’单株大

量套袋自交，并对收获的套袋种子进行低芥酸，中、低硫苷品质筛选。

1988 年，从‘7842’自交后代中获得双低优良单株，选择综合性状好且将回交母本不育性状保持较好的单株继续回交转育，同时对‘7842’自交选择。

1989～1991 年，连续 3 代进行“单株选择、成对杂交、以母选父、选父看母、汰劣留良、双双互选，既注重不育性、又十分注意品质和综合农艺性状”的选择。

1992 年，BC_5 育成了不育率达 100%、不育度达 95%以上的株系，其母本被命名为雄性不育系‘陕 3A’，对应的父本‘7842’被命名为雄性不育保持系‘陕 3B’。

2. 选育系谱图（图 5-13）

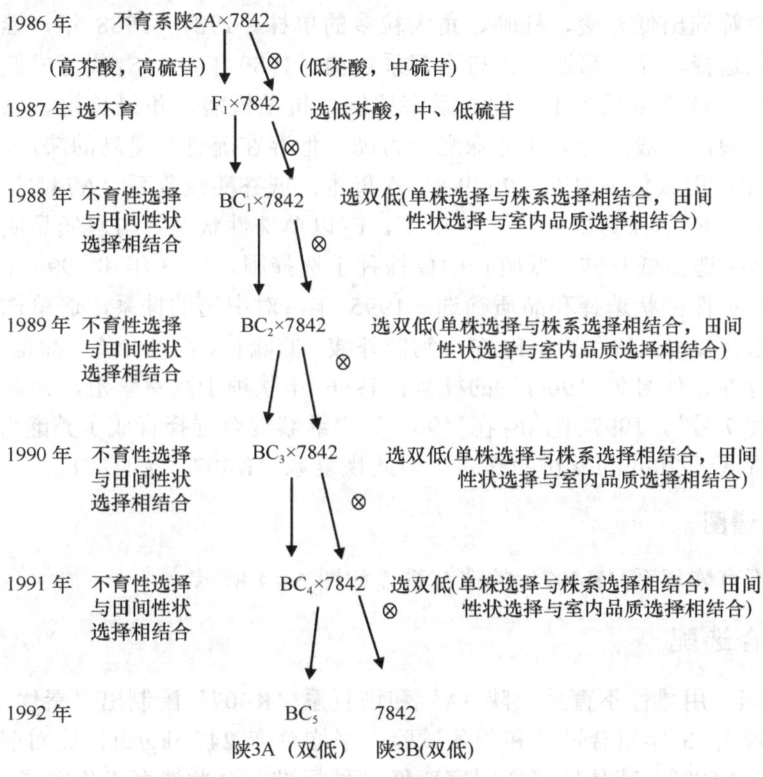

图 5-13　雄性不育系‘陕 3A’和保持系‘陕 3B’选育系谱图

（二）雄性不育恢复系‘K407’的选育过程

1. 选育过程

1983 年，以加拿大双低春性材料‘Altex’作母本，以综合性状优良、适应性好的双高（高芥酸、高硫苷）恢复系‘秦油 1 号’作父本杂交。1984 年，F_1 套袋自交，收获的种子用半粒法筛选低芥酸单粒。1985 年，F_2按照性状和品质要求选低芥酸、中硫苷优良单株，种于隔离网室。1986 年，F_3在隔离网室内先选株系，在株系中再选单株，同时进行双低品质筛选。1987 年，F_4在大田隔离条件下筛选双低优良单株。1988 年，F_5在筛选出的双低优系中再选单株套袋自交，并与不育系对测选择恢复系。1989 年，F_6中筛选出双低且能使不育性完全恢复的单株‘7399-8’，其芥酸含量 0%，硫苷含量 19.09 μ mol/g 饼。该恢复系冬性强，虽有抗寒、秆硬、抗菌核病、角大、特殊配合力高等优点，但存在晚熟、茎秆缺乏弹性的缺点，所以仍需改造。

1986 年，用陕西省宝鸡地区农业科学研究所选育的低芥酸品系‘5557’单株自交，从中筛选出低芥酸、秆硬、角大粒多的单株。1987～1988 年，继续进行自交单株性状选择、品质筛选，并与不育系对测。1989 年，于S_3代育成低芥酸恢复系‘A74-2’。该恢复系为半冬性，耐寒抗倒，抗菌核病，角果长粗，粒大粒多，中熟，低芥酸，一般配合力和特殊配合力高，但存在硫苷含量高的缺点。

1990 年，用双低恢复系‘7399-8’作母本，低芥酸恢复系‘A74-2’作父本杂交。1991 年，F_1单株套袋自交。1992 年，F_2以单株性状选择与双低品质选择相结合方法，从中选出低芥酸、低硫苷的单株种于选择圃。1993 年和 1994 年，连续两年继续进行单株性状选择和品质筛选。1995 年，对中选的株系，选单株与不育系杂交对测选恢复系。1996 年，F_6中得到低芥酸、低硫苷、高油分（含油量 44.15%）、能恢复不育性、代号为‘96-1’的株系；1996 年秋种于网室繁殖，并试配双低杂交种‘秦优 7 号’。1997 年，F_7在‘96-1’中继续混合选择育成了芥酸含量极微，而硫苷含量低于 20μmol/g 饼的株系，至此恢复系‘K407’选育完成。

2. 选育系谱图

雄性不育恢复系‘K407’的选育系谱如图 5-14 所示。

（三）组合选配

1997 年，用雄性不育系‘陕 3A’和恢复系‘K407’配制出‘秦优 7 号’，经 1997～1999 年 3 年组合试验和预备试验，平均单产 247.5kg/亩，比对照‘秦油 2 号’增产 14.59%，其品质符合国家双低品种标准，至此选育工作完成。从 2000 年起，‘秦优 7 号’陆续进入省级或国家级区域试验。

三、‘秦优 7 号’的育种理念

1）聚合多基因多性状，使所育品种具有广适性、多抗性、丰产性和稳产性。

‘秦优 7 号’聚合了‘陕 2A’、‘Altex’、‘7842’、‘秦油 1 号’和‘5557’5 个品种的优良性状基因，虽然它不是产量最高的，但它的丰产性和稳产性是很强

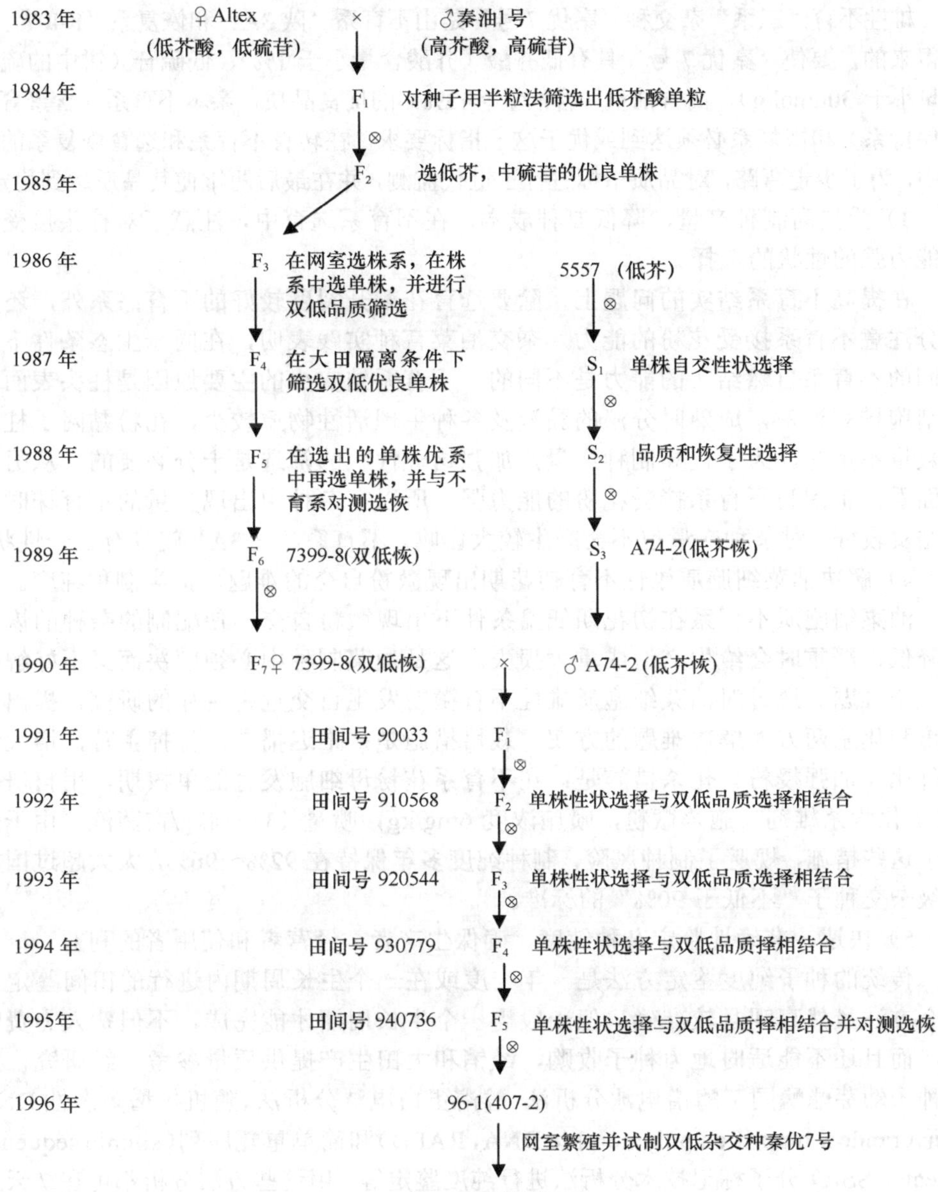

图 5-14　雄性不育恢复系‘K407’的选育系谱图

的。所以，聚合较多的有效优良基因是十分必要的。

2）细胞质雄性不育“三系”优质杂交种，其优质性状有赖于亲本不育系和恢复系，要重视二者优质性状的稳定性。

雄性不育“三系”杂交种‘秦优7号’是由不育系‘陕3A’和恢复系‘K407’杂交得来的，要使‘秦优7号’具有低芥酸（芥酸含量小于1%）、低硫苷（饼中的硫苷含量小于30μmol/g）、高含油量（含油量＞43%）的优良品质，亲本不育系（含繁育它的保持系）和恢复系必须达到或优于这一指标要求。在转育不育系和选育恢复系的过程中，为了少走弯路，对品质指标进行了世代监测，并在最后两年使其品质达到稳定。

3）为提高制种产量，降低制种成本，在不育系选育中，注意了对柱头接受花粉能力强的性状的选择。

在提高不育系结实的问题上，除要选育花瓣开裂度较好的不育品系外，还要十分注意不育系接受花粉的能力。杂交油菜育种实践表明，在同一生态条件下，不同的不育系自然结实的能力是不同的。不育系结实少的主要原因是柱头表面乳突细胞排列过密，成熟时分泌的黏液及各种生理活性物质较少，花粉黏附于柱头的数量不足等。为了提高制种产量，加强这一性状的筛选是十分必要的。从另一方面看，正因为不育系接受花粉的能力强，所以在杂种中出现少量的不育株时，因结实较好，对杂种产量也不会产生较大影响。不育系‘陕3A’就具有这一性状。

4）解决油菜细胞质雄性不育初花期出现微粉自交的难题，提高制种纯度。

油菜细胞质不育系在初花期低温条件下出现微粉自交，使配制的杂种的恢复率降低，严重时会给生产造成重大损失。这是油菜制种中必须解决而又不好解决的一个难题。通过对油菜细胞质雄性不育微粉发生自交危害规律的研究，提出从栽培和化杀两方面解决难题的方案。栽培措施是：推迟播期，打掉主苔，增大父本行比，加强授粉。化杀措施是：在不育系花粉母细胞发育的单核期，用自研的SX-1化学杀雄剂喷施杀微粉，喷施浓度6mg/kg，喷量13～14kg/亩药液。由于采取了这些措施，规避了制种风险，制种纯度多年保持在92%～96%，大大超过国家一级杂交种子“不低于90%”的标准。

5）快速、准确地鉴定杂种纯度，确保生产者、经营者和使用者的利益。

传统的种子纯度鉴定方法是一年一度或在一个生长周期内进行的田间鉴定，这个方法虽然直观且较准确，但一般需一个生长周期才能完成，不但费人力费时间，而且还不能适时地为种子收购、经销和大田生产提供质量参考。经研究，采用种子幼芽酯酶同工酶谱电泳分析法、醇溶蛋白电泳分析法、随机扩增多态性DNA标记（randow omplified polymorphic DNA，RAPD）和简单重复序列（simple sequence repeats，SSR）分子标记技术分析法进行纯度鉴定等，用这些方法分析都可在7天左右完成纯度鉴定，且与田间鉴定结果的吻合率达98%左右。这种快速、准确地鉴定结果，为以质论价收购种子、剔除伪劣种子，确保经销者和使用者的利益提供了条件。

四、‘秦优7号’的推广应用

‘秦优7号’自2001年在陕西省通过审定并推广以来，先后通过了国家黄淮区、长江下游区、长江中游区、新疆的审定，并准于在贵州、四川部分适种地（市）区推广。该品种曾长期是黄淮区、多年是长江下游区国家区域试验的对照品种，是农业部推介的油菜主导品种。它的丰产性、稳产性、适应性好，使它成为我国2004～2008年年种植面积最大的油菜品种。截至2013年，该品种累计种植面积5792万亩，新增产值56.85亿元。目前，它仍是黄淮区和长江下游区油菜的主栽品种之一。

附：杂交油菜‘秦优7号’的雄性不育“三系”

一、细胞质雄性不育系‘陕3A’

1. 细胞质雄性不育系‘陕3A’的来源

以双高（高芥酸、高硫苷）不育系‘陕2A’为母本，以双低（低芥酸、低硫苷）雄性不育保持系‘陕3B’（原‘7842’）为父本，经杂交和多代成对回交转育于1992年育成。

2. 形态特征

甘蓝型，半直立，子叶肾脏形。幼苗五叶期前心叶为紫色，真叶柄长，一般不出现裂叶，顶裂片椭圆形，叶缘微波状；五叶后，渐出现浅裂叶，伸长茎叶为深裂叶。顶裂叶小而长，叶暗绿色，叶面油亮光滑、无蜡粉，整个叶片较大而中厚，叶脉和茎秆淡绿色，短柄叶内卷微扭曲。主花序生长较慢，初花前和初花期低温条件下有死蕾现象，中后期生长良好。花瓣窄小，色黄，开裂较好，密腺、雌蕊发育正常，雄蕊败育呈三角状戟形，无花粉，雌雄蕊相对高度大于2。雄性不育率100%，不育度大于95%。分枝匀生较长，角果长粗。在秋播1.2万株/亩密度条件下，株高150cm左右，有效分枝部位40cm，一次有效分枝约10个，单株有效角果160～180个，每果粒数约15.0粒，千粒重3.0g左右。

3. 生物学特征特性

弱冬性。在陕西关中东部秋播生育期250天左右，在北方春油菜区春播生育期100天左右。长势强，耐肥力，较抗倒伏，耐菌核病。

4. 生化特征

经越冬期叶柄酯酶同工酶谱分析：‘陕3A’具有迁移率为0.33、0.36的灰绿色酶带，迁移率为0.50、0.55、0.58、0.61和0.68的棕红色酶带和迁移率为0.65、0.79（深）的咖啡色酶带。

经种子幼芽酯酶同工酶谱分析：‘陕3A’具有迁移率为0.50、0.55、0.58、0.61、0.68、0.98（浅而细）的棕红色酶带和迁移率为0.79（深）的咖啡色酶带。

5. 产量和品质

在繁殖不育系和配制杂交种时，一般单产 60kg/亩左右，高产田单产可达 80kg/亩以上。芥酸含量＜1%，硫苷含量＜30μmol/g 饼。

6. 适应地区

适于在黄淮甘蓝型冬油菜区和北方春油菜区种植。

二、细胞质雄性不育保持系‘陕 3B’

1. 细胞质雄性不育保持系‘陕 3B’的来源

1986 年从华中农业大学引进的杂交油菜新组合‘华农杂种’中分离出‘7842’株系，经连续单株自交选择、品质分析筛选，并与‘陕 3A’不育系成对杂交、回交，在双双互选中于 1992 年育成‘陕 3B’。

2. 形态特征

甘蓝型，半直立，子叶肾脏形。幼苗五叶期前心叶微紫，真叶柄长，一般不出现裂叶，顶裂片椭圆，叶缘微波状；五叶后，渐出现裂叶，伸长茎叶为深裂叶。顶裂叶小而长，叶暗绿色，叶面油亮光滑、无蜡粉，整个叶片较大而中厚，叶脉和茎秆淡绿色，短柄叶内卷微扭曲。花蕾黄绿色，饱满，花色黄，花瓣大。分枝匀生，角果细长，直生微下垂。在秋播 1.2 万株/亩密度条件下，株高 140cm 左右，有效分枝部位 30cm，一次有效分枝约 9 个，单株有效角果 230～250 个，每果粒数约 28.0 粒，千粒重 3.0g。

3. 生物学特征特性

弱冬性。在陕西关中东部生育期 248 天左右，在北方春油菜区春播生育期 100 天左右。长势强，整齐度好，较抗倒伏。轻感霜霉病，较抗菌核病和病毒病。与雄性不育系‘陕 3A’杂交能 100%保持‘陕 3A’的不育特性。

4. 生化特征

越冬期叶柄和种子幼芽的酯酶同工酶谱与‘陕 3A’基本相同。

5. 产量和品质

在秋播条件下，一般单产 150kg/亩左右，高产田单产可达 175kg/亩以上。芥酸含量＜1%，硫苷含量＜25μmol/g 饼。菜籽含油量 43%左右。

6. 适应地区

适于在黄淮甘蓝型冬油菜区和北方春油菜区种植。

三、细胞质雄性不育恢复系‘K407’

1. 细胞质雄性不育恢复系‘K407’的来源

1983 年，用加拿大春性双低品种‘Altex’与自育的双高恢复系‘秦油 1 号’杂交，经过连续 5 代单株自交选择、并与不育系成对测交，于 1989 年育成双低恢复系‘7399-8’。1986 年，用陕西省宝鸡地区农业科学研究所选育的‘5557’新品系经连续 3 代单株自交选择，于 1989 年育成低芥酸恢复系‘A74-2’。1990 年，用‘7399-8’作母本，‘A74-2’作父本杂交，经连续 5 代单株选择与室内品质选择相结合选择，并与不育系成对测交，于 1997 年育成双低恢复系‘K407’。

2. 形态特征

甘蓝型，半直立，子叶肾脏形。裂叶 2～3 对，深裂叶，叶缘锯齿状，顶裂片长椭圆形，叶色深绿。茎秆绿色微紫，茎叶狭长三角形，半抱茎。花蕾鼓肚状，饱满，花色黄，花瓣中等而离生。分枝匀生，与主茎夹角小。角果直生，果身粗而中长，成熟浅紫色，籽粒较多，果皮较厚。在 1.2 万株/亩的密度下，株高 164cm，一次有效分枝 9 个左右，单株有效角果约 300 个，每角 21 粒，千粒重 3g 左右。种子黑褐色。

3. 生物学特征特性

半冬性。在陕西关中东部全生育期 248 天左右。抗寒，耐渍，耐旱，秆硬抗倒且弹性好。开花集中，灌浆快，长势强，整齐度好，活熟。较抗菌核病和病毒病，轻感霜霉病。

4. 生化特征

经越冬期叶柄酯酶同工酶谱分析：‘K407’有两种谱带类型，其中 I 型具有迁移率为 0.36、0.40 的灰绿色酶带，迁移率为 0.50、0.55、0.58、0.68 的棕红色酶带及迁移率为 0.79（深）的咖啡色酶带，该酶谱类型占 32.5%；II 型具有迁移率为 0.36、0.40 的灰绿色酶带，迁移率为 0.68 的棕红色酶带及迁移率为 0.79（深）的咖啡色酶带，而无迁移率为 0.50、0.55、0.58 的棕红色酶带（图 5-15），该酶谱类型占 67.5%。

经幼芽酯酶同工酶谱分析：‘K407’有两种谱带类型，其中 I 型具有迁移率为 0.50、0.55、0.58、0.61、0.68、0.96（深）的棕红色酶带及迁移率为 0.79（深）的咖啡色酶带；Ⅱ型具有迁移率为 0.68、0.96（深）的棕红色酶带及迁移率为 0.79（深）的咖啡色酶带，而无迁移率为 0.50、0.55、0.58、0.61 的棕红色酶带（图 5-16）。

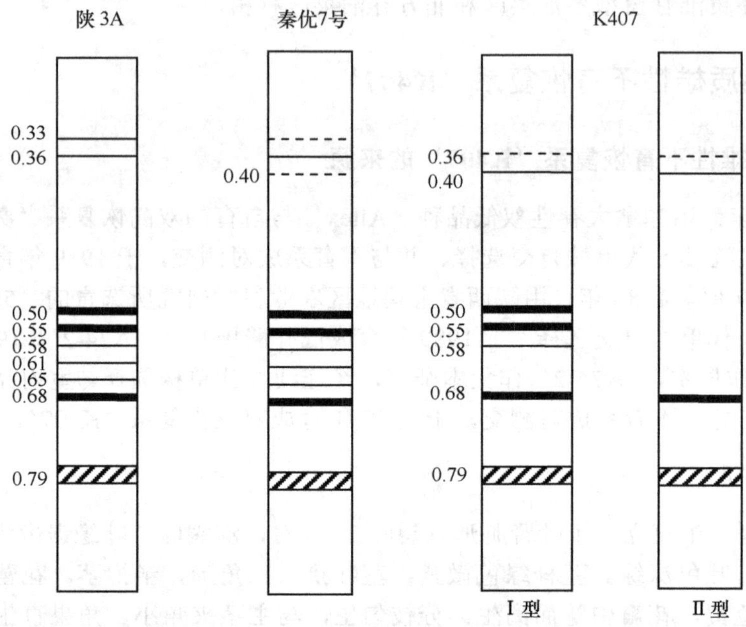

图 5-15　越冬期叶柄的酯酶同工酶谱

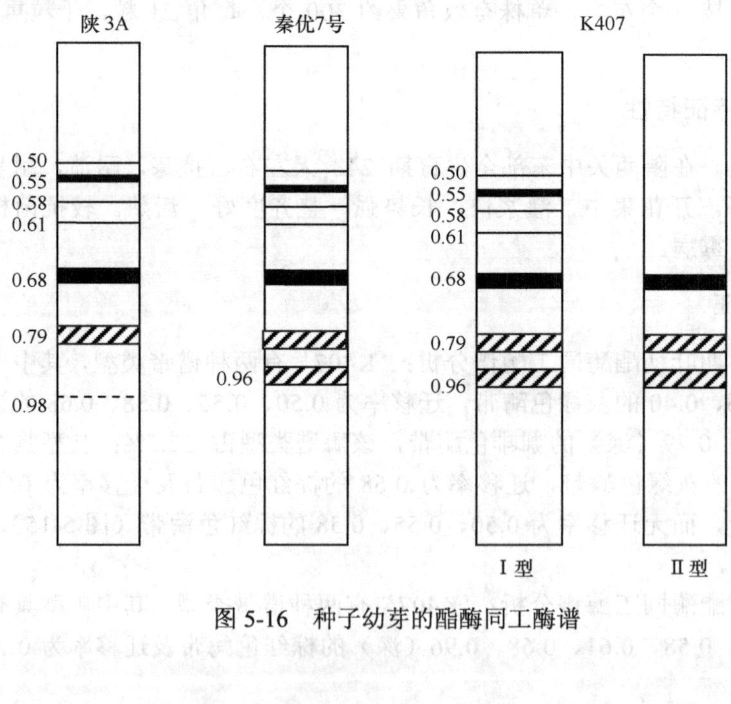

图 5-16　种子幼芽的酯酶同工酶谱

5. 产量和品质

一般单产 160kg/亩左右，高产田单产可达 180kg/亩以上。芥酸含量接近 0%，硫苷含量＜30μmol/g 饼，含油量 44%左右。

6. 适应地区

黄淮甘蓝型冬油菜区、长江流域两熟栽培区种植。

‘秦优 7 号’其田间长相如图 5-17 和图 5-18 所示。

图 5-17　‘秦优 7 号’黄淮区长相

图 5-18　‘秦优 7 号’长江流域长相

主要参考文献

刘庆昌. 2015. 遗传学. 北京：科学出版社.

孙其信. 2011. 作物育种学. 北京：高等教育出版社.

袁隆平. 1985. 杂交水稻简明教程. 长沙：湖南科学技术出版社.

袁隆平. 2010. 利用野败育成水稻三系的情况汇报. 袁隆平论文集. 北京：科学出版社.

张天真. 2003. 作物育种学概论. 北京：中国农业出版社.

Collins G N. 1916. Correlated characters in maize breeding. Journal of Agricultural Research. 6: 435-453.

Davenport C B. 1910. The imperfection of dominance and some of its consequences. American Naturalist, 44: 129-135.

Jones D F. 1917. Dominance of linked factors as a means of accounting for heterosis. Genetics. 2 (5): 466-479.

Srivastava V K, Nath P. 1983. Studies on heterosis in bittergourd (momordica-charantial). Egyptian Journal of Genetics and Cytology. 12(2): 317-322.

第六章 轮回选择的理论基础及其育种案例分析

轮回选择（recurrent selection）是作物群体改良常用方法之一。它通过循环式多次交替进行“选择-互交”程序，改进作物变异群体的遗传构成，提高群体中有利基因和基因型频率。“轮回选择”一词是 Hull 于 1945 年首次使用的。后经逐步完善，该方法成为玉米群体改良的常用方法。其后逐渐扩大到自花授粉作物和常异花授粉作物，如小麦、棉花、大豆、高粱、牧草等。

第一节 轮回选择的理论基础

遗传学上的群体指的是该群体内个体间随机交配形成的遗传平衡群体。根据群体遗传学的理论，一个容量足够大的随机交配群体，其基因、基因型频率的变化遵从 Hardy-Weinberg 定律。

一、Hardy-Weinberg 定律

假如在一个二倍体的随机交配群体内，等位基因 A 和 a 的频率分别为 p 和 q，则基因型 AA、Aa 和 aa 的频率分别为 P^2、$2pq$、q^2，只要这 3 种基因型个体间进行完全随机交配，子代的基因频率、基因型频率与亲代保持完全一致。即在一个完全随机交配的群体内，如果没有其他因素（如选择、突变、遗传漂移等）干扰时，则基因频率和基因型频率保持恒定，各世代不变。这即为“Hardy-Weinberg 定律”，又称为“基因平衡定律”。实际上，由于群体的数量有限，环境的变化，人们对群体施加的选择、突变或遗传漂移等因素，常常会不断打破群体的这种平衡。轮回选择的实质就是要不断打破群体基因和基因型的平衡，不断地提高被改良群体内人类所需基因和基因型的频率。

二、选择和基因重组是群体进化的主要动力

从作物育种的角度来看，选择和基因重组是群体基因频率和基因型频率改变的主要因素和动力。作物的许多经济性状，如产量、品质等都是数量遗传性状，都具有复杂的遗传基础，是大量彼此相互联系、相互制约、作用性质和方向彼此相同或相异的多个基因共同作用的结果。性状遗传基础的复杂性就意味着性状重

组的丰富性和可选择性。将不同种质具有的潜在有利基因充分聚合和集中，并加以不断地提高，这就是作物育种家所追求的目标。

从生物进化的观点来看，一般认为有利基因是显性基因。但在作物育种实践中，并不排除隐性有利基因的存在。即便是有利基因都为显性基因，要获得许多显性基因都是纯合的个体也是十分困难的。根据遗传学的原理，显性纯合个体在一个随机交配群体中出现的频率为$(1/4)^n$，这里的n为控制性状的基因数目。若性状受1对基因控制，显性纯合个体在自由交配群体中出现的频率为1/4，即$(1/4)^1$；2对基因控制的性状，显性纯合个体在随机交配群体中出现的频率为1/16，即$(1/4)^2$。众所周知，育种目标所要求的经济性状及其他农艺、品质性状，绝大多数是受多基因控制的数量性状。因此，要获得多基因控制性状的纯合体就更困难了。假如作物产量受20个位点基因控制（实际上控制数量性状的基因位点可能远远不止20个），当育种基础群体中优良基因频率较低时，如低于0.5时，从理论上讲，要出现20个位点基因都是纯合的个体，对二倍体作物来说，如玉米，至少要求种植约36 450 000hm^2面积的群体。而且由于受基因连锁的限制，实际种植的面积还要大得多才能达到此目的。所以，试图通过扩大群体种植面积增加群体数量来增加目标个体出现的频率，对育种者而言，实际上是行不通的。然而在同样前提下，当基础群体的优良基因频率由原来的0.5上升到0.9时，则群体每1000株中就会有15株合乎要求的显性纯合个体出现。由此可见，通过选择打破群体的遗传平衡，提高群体优良基因的频率，和通过基因重组打破群体有利基因与不利基因间的连锁，增加群体有利基因型出现的频率是提高群体中显性纯合个体频率的关键。因此，轮回选择的原理是利用群体进化的法则，通过异源种质的合成、自由交配、鉴定选择等一系列育种手段和方法，促使基因重组，不断打破优良基因与不良基因的连锁，从而提高群体优良基因频率和基因型频率，增大后代中出现优良基因重组体的可能性。所以，通过作物轮回选择，可以提高育种效率和育种水平。

第二节 异花授粉作物的轮回选择

轮回选择用于高油玉米群体改良

高油玉米（high oil corn，HOC）与普通玉米相比，具有高油、高能、营养全面等特点，是畜牧养殖、油脂加工等行业的优质原料。经过一个多世纪的研究和积累，HOC已成为重要的特用玉米类型。我国在HOC研究领域已处于国际先进水平，该技术是我国作物育种研究领域的又一重要成果。

HOC研究起始于美国Illinois大学，经过近一个世纪的轮回选择，到20世纪80年代，已获得含油量超过15%的高油群体‘IHO’和‘Alexho’。中国农业大学的宋同明从20世纪80年代开始一直致力于高油玉米群体的改良工作，经30余年的努力，成功创造了多个高油玉米群体，其中‘BHO’、‘KYHO’等具有独立知识产权高油玉米群体的含油率已达到高油玉米育种的要求。这些种质的育成对国际HOC的发展产生了重要影响，直接推动了国内玉米育种企业与孟山都、杜邦等跨国公司的合作和技术输出，我国也因此成为当今世界HOC种质的主要发展中心之一。

高油玉米是指籽粒油分含量在6%以上的玉米类型，现有主要高油玉米资源均来自于普通玉米，而普通玉米籽粒油分含量一般在4%左右，为此需要利用科学手段不断选择才能提高玉米籽粒油分含量，实现高油玉米的种质创新。中国农业大学通过基础群体科学构建及选择方法改进等手段，使油分选择更加高效。从开始采用的"单粒种子含油量表型轮回选择法"，到后来自主创造的"大群体、多参数、分阶段、综合轮回选择法"，促进了高油种质群体的快速创建。"大群体、多参数、分阶段、综合轮回选择法"的具体步骤和选择内容如下。

每一群体由上一代110个果穗中的3个最高含油量籽粒构成，共330粒。田间种330株，分A、B两区，各16行165株。两区相互混合授粉。选择的内容分别在4个不同阶段进行。

授粉期：对农艺性状（株型、健壮度、雌雄协调性等）进行选择，淘汰20%的植株，授粉前砍除，授粉250穗左右。

收获前：对抗病性、抗倒性和保绿性进行选择，淘汰20%~25%的植株，取下雌穗袋，收获180穗左右。

室内：根据果穗大小、籽粒大小、结实性和穗粒腐病情况进行选择，淘汰病穗、小粒穗和结实不好的果穗，占30%～35%，保留110～120穗。

油分测定：每穗选中部籽粒100粒，利用核磁共振仪进行单粒测油并记录粒重，每穗保留含油量最高的5粒，并把这5粒分为前3粒和后2粒，再把所有的前3粒和后2粒分别混合，据粒重各自排队，重新测油。在前3粒中再根据含油量和粒重淘汰约30%，即100～120粒，从后2粒中挑选含油量和粒重都高的70～80粒补充，使群体总粒数稳定在320～330粒。

使用该方法对HOC进行群体改良，群体含油量提高迅速。30多年来，中国农业大学通过上述选择方法共创造了9个高油玉米基础群体，具体情况见表6-1。

中国农业大学所创造的9个高油玉米群体，含油量平均每轮选择提高了0.79%，大大高于国际上通用的选择方法（每轮提高0.5%），因而是当今玉米含油量选择最先进的方法。图6-1为中国农业大学高油（BHO）轮回选择进展图。

中国农业大学的宋同明、陈绍江等利用9个HOC群体育成了140多个稳定的高油玉米自交系，并筛选出了22个骨干系，育成了18个高油玉米杂交种，其中5个通过国家审定，13个通过省级审定。

表 6-1 中国农业大学通过轮回选择创造的 9 个高油玉米群体

高油玉米群体名称	原始群体含油量/%	轮回选择轮数	目前群体含油量/%	材料来源	世界排名
北农大高油（BHO）	4.71	21	18.14	中综 2 号综合种	3
亚伊高油（AIHO）	13.50	12	20.43	由 IHO C80 与 ASK C23 杂交后的第三代选择而来	2
抗病硬秆高油（KYHO）	3.73	11	15.16	7 个国内常用自交系和 7 个选自引进杂交种的二环系通过链状杂交方式获得	8
旅大红骨高油（LDHO）	4.67	4	10.68	9 个含有旅大红骨血缘的自交系通过链状杂交方式组建	
抗病高油（Syn.D.O）	7.60	12	17.24	美国引进材料	4
利得黄马牙高油（RYDHO）	7.16	13	15.93	美国引进材料	6
坚秆综合种高油（RSSSCHO）	3.67	7	12.73	美国引进的普通玉米群体	10
重组 ASK（RASK）	13.67	4	15.86	17 个从 ASK C23 得到的高油系经链状杂交而来	7
早熟高油（ZHO）	5.79	7	13.34	15 个早熟杂交种进行链状杂交而来	9

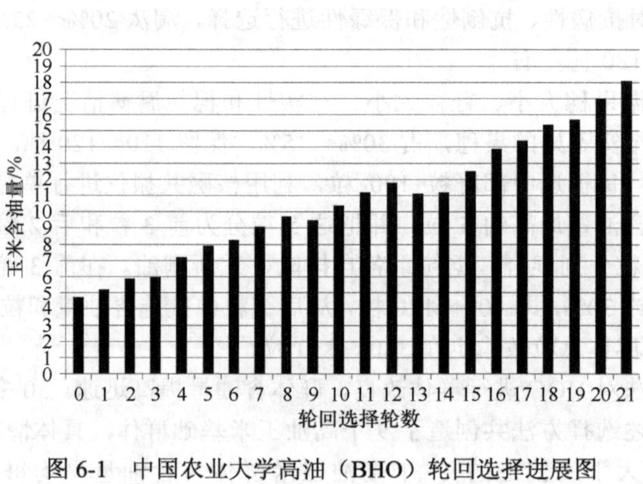

图 6-1 中国农业大学高油（BHO）轮回选择进展图

在此基础上，宋同明等发明了一个利用普通玉米杂交种生产高油玉米的新方法，即“普通玉米高油化三利用技术”。采用该专利技术进行玉米生产，能够利用普通玉米生产高油玉米，从而可以在不降低产量的情况下，提高籽粒品质，实现高产、优质相结合。

高油玉米资源的创新利用还在现代单倍体育种及遗传理论研究上得到了新的拓展。基于高油型单倍体诱导系的选育及应用已经促进了我国单倍体育种技术的跨越式发展，并产生了重要的国际影响。同时，高油群体也是利用基因组学研究作物数量性状遗传机制的宝贵材料，对我国作物功能基因组研究的发展起到了推动作用。

第三节　‘矮败小麦’育种技术体系的建立与应用

一、太谷核不育小麦

(一)太谷核不育小麦的发现

雄性不育性在高粱、玉米、水稻等作物杂种优势方面的成功应用，促进了其他作物雄性不育性的发现和研究。在小麦中，不仅发现了能够“三系”配套的细胞质雄性不育性，而且发现和诱导出了大量的细胞核雄性不育类型。细胞核雄性不育性一般受控于寡基因，不受细胞质影响，因此在杂种优势利用和群体改良中有特殊功用。

1970 年前后，我国科技人员与农民群众共同努力，发现了不少有价值的雄性不育材料。1971 年，山西省太谷县郭家堡村农民技术员高忠丽从山西农学院选种教研室引进一个编号为‘2-2-3’的小麦新品系。该品系是复交组合‘早熟 1 号/30600/2/太谷 49/苏联 1 号/3/早洋/小红/4/963/5/太谷 49/桑怕斯多尔’的第 6 代材料，次年她在该品系繁殖田中发现了 1 株雄性不育小麦，并用其他植株的花粉授粉，将杂交种保存了下来。

(二)太谷核不育小麦的特征特性

太谷核不育小麦开花时，雄性不育株穗子蓬松，颖壳颜色较淡，雄蕊退化，花丝短而纤细，花药瘦小，呈小箭头状，灰白色，不开裂，内无花粉粒，雌蕊发育正常，柱头外露，在未接受外来花粉的情况下，多日新鲜不萎。

太谷核不育小麦的显性不育基因 *Ta1*（*Ms2*）被转移到数百种遗传背景不同的小麦品种和材料上，在各种不同的生态环境下生长发育，甚至人为地施加理化因素干扰其生长发育，但最终都未能影响显性不育基因的正常表达，迄今也未发现不育株自交结实的实例，充分说明太谷核不育小麦的不育性十分稳定，雄性败育非常彻底。

（三）太谷核不育小麦的遗传分析

在1972年之后的几年中，高忠丽等用保存下来的不育材料做杂交试验，并提供给中国农业科学院原子能利用研究所、山西省农业科学院等单位研究。他们做了大量的测交和回交，试图找到这个不育材料的恢复系，进而实现“三系”配套。试验结果虽未能如愿，但却积累了大量的试验资料。这些资料清晰地显示，该不育材料的测交、回交和姊妹交后代均分离出不育株和可育株，即找不到完全的恢复系，也找不到完全的保持系，且不育株与可育株的分离比例近于1∶1，可育株套袋自交结实正常，后代育性不再发生分离。1977年冬，太谷县派人携带有关研究资料请教全国14个科研教学单位的20多位专家教授，他们都认为‘2-2-3’不育系是核不育材料，为‘2-2-3’不育材料的最终定性奠定了基础。

‘2-2-3’雄性不育株接受其他品种、品系或雄性可育姊妹株的花粉，后代总是分离出不育株和可育株两种表现型的事实证明，其不育性呈显性遗传，显性不育基因处于杂合状态，后代不育株与可育株1∶1的分离比例进一步明确‘2-2-3’雄性不育小麦是受显性单基因控制的雄性不育材料（邓景扬和高忠丽，1980；王琳清等，1980）。

‘2-2-3’雄性不育材料被命名为太谷核不育小麦，其雄性不育单基因的符号被规定为‘*Ta1*’（邓景扬和高忠丽，1980）。这样太谷核不育小麦的基因型为*Ta1ta1*，而正常品种、品系及可育姊妹株的基因型应为*ta1ta1*。太谷核不育株能够产生携带*Ta1*和*ta1*的两种配子，其杂交后代应有一半雄性不育株和一半雄性可育株，与实际的观察结果相符。因此，确定‘2-2-3’不育小麦是受显性单基因控制的雄性不育材料的结论是正确的。

按照惯例，植物雄性不育的基因符号为‘*Ms*’或‘*ms*’。Ms是英文male sterility（雄性不育）的缩写。*ms1*是一个隐性核不育基因，位于4A染色体短臂上；*Ms2*，即*Ta1*是被国际作物基因登记署注册的第二个小麦雄性不育基因，它位于4D染色体短臂上，距离着丝粒31.16个交换单位（刘秉华和邓景扬，1986）。

（四）*Ta1*基因定位

1. *Ta1*基因染色体组定位

20世纪80年代初，定位小麦雄性不育核基因还没有十分成功的方法。定位核不育基因的困难在于携带核不育基因的不育株只能作母本，很难进行单体分析。为了定位我国发现的太谷核不育小麦的显性雄性不育单基因*Ta1*（*Ms2*），刘秉华等设计了一种端体分析方法。在对*Ta1*进行端体分析的同时，还进行染色体组定位的研究工作，以提高定位的准确性和减少端体分析的工作量。

1980 年 10 月，将太谷核不育小麦开放授粉材料（AABBDD，$2n=6x=42$）和硬粒小麦品种‘墨西卡利 75’（$2n=4x=28$）播种在温室，让‘墨希卡利 75’给携带显性不育基因的不育株授粉，得到的杂交种于次年 9 月播种在温室，以‘墨西卡利 75’为轮回父本，给后代分离出的核不育株回交，调查回交后代不育株与可育株（包括部分可育株）的株数，并进行细胞学观察。核不育株孕穗后花药黄白色，呈小箭头状，而种间杂交的部分不育株花药较大，并且是绿色的，二者在外表上很容易区分。从表 6-2 可以看出，杂交第一代携带 *Ta1* 的不育株与不携带 *Ta1* 的部分可育株的比例接近于 1∶1，而回交 1～3 代后育性分离却明显偏离 1∶1 的比例（表 6-2）。为什么杂交一代与回交后代出现的育性分离比例不一样?

表 6-2　太谷核不育小麦与硬粒小麦杂交及回交世代的育性调查结果

世代 \ 株数 \ 项目	携带 *Ta1* 的不育株	不携带 *Ta1* 的可育株	不育株/可育株	试验地点
F_1	61	56	1∶0.92	北京温室
BC_1	54	144	1∶2.7	青海大田
BC_2	98	356	1∶3.6	北京温室
BC_g	17	166	1∶9.8	北京网室

这是因为染色体组型为AABBDD的太谷核不育小麦只有接受正常可育的异株花粉才能够结实，由于太谷核不育小麦的显性不育基因总是处于杂合状态，它所产生的雄配子也总是一半携带显性不育基因，一半不携带显性不育基因。用染色体组型为 AABB 的四倍体硬粒小麦给六倍体的太谷核不育小麦授粉产生的 F_1，当然也有近一半携带显性不育基因的不育株和近一半不携带显性不育基因的部分可育株。六倍体普通小麦与四倍体硬粒小麦的杂交 F_1 是五倍体（AABBD），而五倍体在减数分裂时 A 组和 B 组的 28 个染色体配成 14 个二价体，而 D 组的 7 个染色体都处于单价体状态。Sears 的研究结果表明，在中国春小麦遗传背景下，单价体在走向两极的过程中，大约有 50%由于落后而被遗弃在细胞质中。如果显性不育基因 *Ta1* 在 A 组或 B 组的某一染色体上，携带显性不育基因的染色体在减数分裂时可配对形成二价体，F_1 五倍体的核不育株仍将产生一半携带 *Ta1* 的和一半不携带 *Ta1* 的雌配子，这些雌配子与硬粒小麦雄配子结合产生的回交一代，也将有一半不育株和一半可育株（包括部分可育株和全可育株）。但这与观察到的可育株显著多于不育株的事实不符，说明显性核不育基因在 A 组或 B 组的某一染色体上的假设是不正确的。如果显性核不育基因不在 A 组或 B 组染色体上，而在 D 组的某一染色体上，由于携带显性不育基因的染色体处于单价体状态，单价体在减数分裂时有很大一部分不能包括在新的细胞核中，结果导致显性核不育基因的频繁丢失，回交一代不育株和可育株（包括部分可育株和全可育株）的分离比例就会显

著地偏离 1∶1。回交二代、回交三代也是这种情况，只不过不携带 *Ta1* 的部分可育株逐渐被全可育株所取代。按照上述理论假设推出的育性分离情况，与观察到的在回交一代不育株与部分可育株（包括全可育株）的比例是 1∶2.7，而回交二代、回交三代分别为 1∶3.6、1∶9.8 的观察结果是一致的。因此，认为太谷核不育小麦的显性不育基因 *Ta1* 是在 D 组的某一染色体上。从这里可以看到，随着回交代数的增进，遗传背景的变化，普通小麦 D 组单价体被排除的速度也逐渐加快，因此不育株在回交后代所占的比例也越来越小。

在调查回交后代育性的同时，还对回交后代，特别是回交三代材料进行了细胞学观察，结果见表 6-3。

表 6-3 回交三代育性与染色体组成的关系

项目 / 株数 / 育性	细胞学检查株数	染色体组成				
		14”	14” +1’	14” +2’	14” +3’	14” +4’
可育株	109	86	11	7	3	2
不育株	15	0	9	2	2	2

注：数字加一个上角撇表示有几个正常单价体；数字加两个上角撇表示有几个正常二价体；后同

从表 6-3 可以看出，在 109 株可育株中，只有 A 组和 B 组的 14 对染色体、没有 D 组单价体的植株（14”）有 86 株，占 79%；在 15 株不育株中，没有一株染色体组成是 14”；凡是不育株都带有 D 组的染色体。如果显性不育基因 *Ta1* 在 A 组或 B 组的某一染色体上，在回交后代具有 14”（AABB）染色体组成的植株中将有近一半的可育株和近一半的不育株，而这与观察到的凡是染色体组成为 14”的植株都是可育株的事实不符。如果显性不育基因 *Ta1* 在 D 组的某一染色体上，则凡是不育株都必然是 14 个二价体加上 1～7 个 D 组的单价体，而绝不可能只有 A 组和 B 组的 14 个二价体，这与试验观察结果是完全一致的。在试验中，还观察了回交二代染色体组成是 14”+1’的不育株与硬粒小麦回交后后代的育性表现和染色体组成的关系。结果表明，所有不育株（5 株）的染色体组成都是 14”+1’，而所有可育株（43 株）的染色体组成都是 14”。回交后代的育性检查和细胞学观察结果一致，确认太谷核不育小麦的显性不育单基因 *Ta1* 位于 D 组的某一染色体上。

2. *Ta1* 基因的染色体定位

利用染色体组定位得到的 14”（AABB）+1’（D）不育株可以设计出一种染色体定位方法，这就是端体测验。因为 *Ta1* 基因位于 14”+1’不育株唯一的单价体上，所以让 D 组的双端体组系统分别与 14”+1’不育株杂交，对 F_1 育性与染色体构成进行检查，就可以确定 *Ta1* 基因所在的染色体。如果 F_1 不育株的染色体组成是 14 个二价体，加上 1 个异性二价体和 6 个单价体，则说明 *Ta1* 基因就在有关端体的染色体上；如果有 F_1 不育株的染色体组成是 15 个二价体，加上 1 个端体单价体和 5 个正常单价体，则说明 *Ta1* 基因不在有关端体的染色体上。

刘秉华等用 1DL、2DS、3DL、4DL、5DL、6DL、6DS、7DL 和 7DS 双端体分别与 14"+1'不育株杂交，在 F_1 检查不育株和可育株的染色体组成。结果表明，1DL、2DS、3DL、5DL、6DL、6DS、7DL、7DS 双端体 F_1 不育株在减数分裂中期 I 见到 15 个二价体，加上 5 个正常单价体和 1 个端体单价体，说明携带 *Ta1* 基因的 D 组单价体与上述端体没有配对，即说明 *Ta1* 基因不在这些端体的染色体上（图 6-2）。14"+1'不育株与 4DL 双端体杂交的 F_1 不育株在减数分裂中期 I 则见到 14 个二价体，加上 1 个异形二价体和 6 个单价体，同时在减数分裂后期 I 见到 6 个落后的单价体和分到一极的端体，说明携带显性不育基因 *Ta1* 的 D 组单价体与 4D 长臂端体配成了异形二价体，即说明 *Ta1* 基因位于 4D 染色体上（图 6-3）。

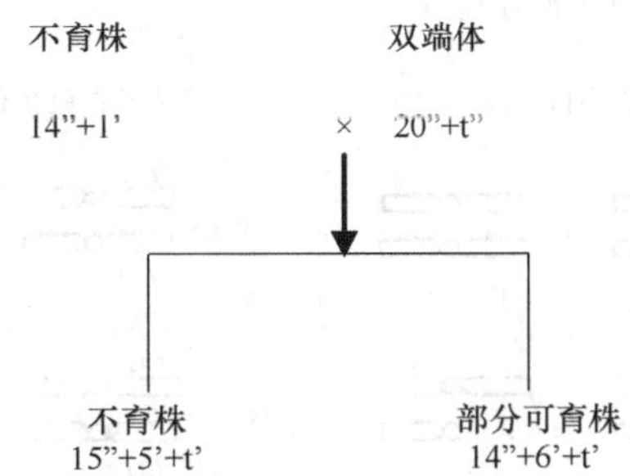

图 6-2　*Ta1* 基因不在染色体的双端体与 14"+1'不育株杂交 F_1 的表现型和染色体构成

t. 端体；t'. 单端体或体单价体；t". 双端体；后同

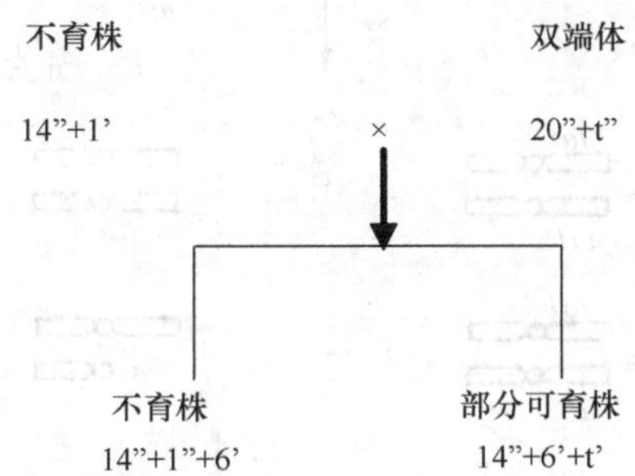

图 6-3　*Ta1* 基因所在染色体的双端体与 14"+1'不育株杂交 F_1 的表现型和染色体构成

3. *Ta1* 基因染色体臂定位和遗传距离测定

具有正常染色体组成的太谷核不育小麦与双端体（20"+t"）杂交，其后代群体在育性表现上是一半雄性不育株和一半雄性可育株，在细胞学上是异形二体（20"+t"）。在用正常二体花粉分别给各个端体组合后代不育株授粉产生的后代中，无论是显性不育基因所在染色体的端体家系，即鉴定家系，还是显性基因不在染色体的端体家系，即非鉴定家系，都分离出一半可育株和一半不育株。在育性表现上，不能区分鉴定家系和非鉴定家系，但如果对后代分离的可育株或不育株进行细胞学检查，即可发现鉴定家系和非鉴定家系的染色体组成是不同的。在非鉴定的端体系中，可育株或不育株的染色体组成既有正常二体，又有异形二体，并且二者的株数近乎相等(图 6-4)。在鉴定染色体的端体家系中有两种可能的情况，一是显性不育基因所在染色体臂的端体家系，可育株的染色体组成是异形二体，不育株的染色体组成是正常二体，但由于 F_1 异形二价体存在着交换的可能性，因此也会出现一些可育的正常二体和不育的异形二体（图 6-5）。根据重组类型的多少，可以测出显性不育基因与着丝粒之间的遗传距离。二是显性不育基因不在染色体臂（但在此染色体的另一个臂上）的端体家系，可育株只能是异形二体，不育株只能是正常二体（图 6-6）。

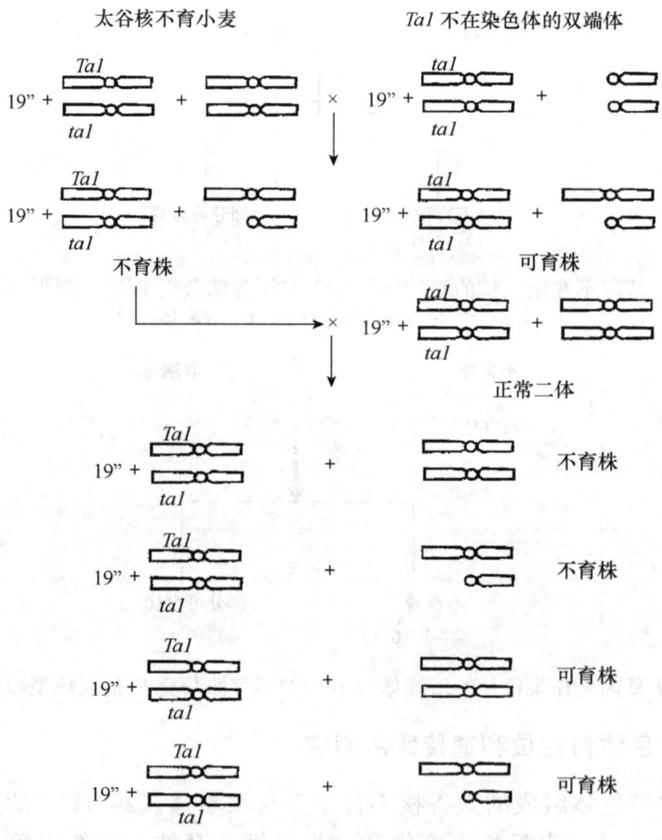

图 6-4　端体分析（非鉴定端体系）

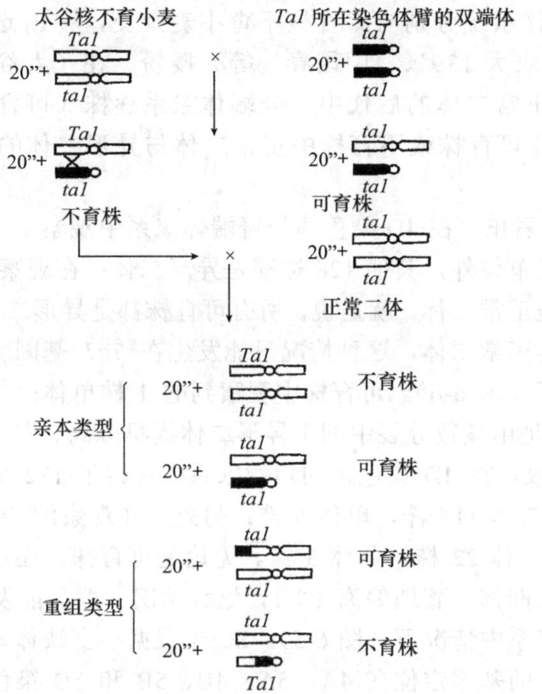

图 6-5　端体分析（显性不育基因所在染色体臂的端体家系）

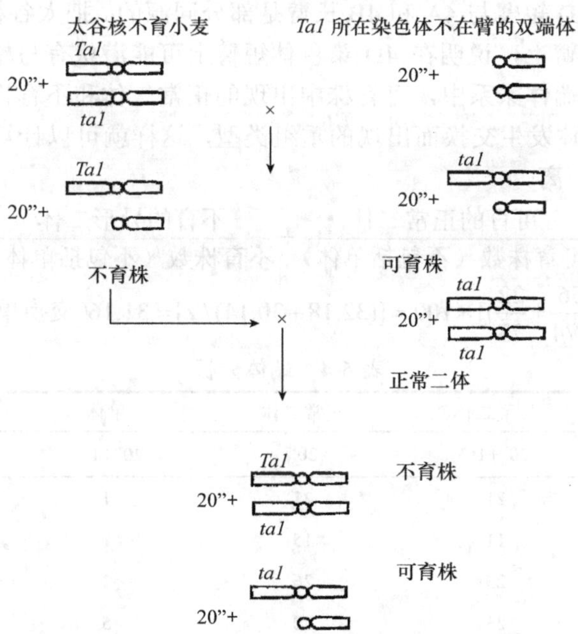

图 6-6　端体分析（显性不育基因所在染色体不在臂的端体家系）

用D组双端体系统分别与太谷核不育小麦杂交，从F_1选出不育株，用正常二体小麦品种（'农大139'、'中国春'等）授粉。在（太谷核不育小麦×双端体）F_1不育株×正常二体的后代中，分端体家系逐株（可育株和不育株）检查染色体组成，统计可育株或不育株中正常二体与异形二体的比例，并做适合性测验。

从表6-4可以看出，在4D染色体长臂端体家系中观察了129个可育株，其染色体组成除1株是单体外，其他128株都是异形二体；在观察的81株不育株中，其染色体组成都是正常二体。就是说，所有可育株都是异形二体（1株单体除外），而所有不育株都是正常二体，这种情况只能发生在*Ta1*基因所在染色体不在臂的端体家系中情况下（图6-6）。可育株中观察到的1株单体，从染色体形态和大小看是4D单体，它是由减数分裂中期Ⅰ异形二体提早分离、末期长臂端体丢失形成n=20的雄配子所致。在4D染色体的短臂家系中观察了182个可育株，其中正常二体56株，异形二体118株，单体8株；另外，在观察的76株不育株中，正常二体51株，异形二体22株，单体3株。无论是可育株，还是不育株，其正常二体与异形二体的比例都显著地偏离1∶1，这种情况一般只能发生在*Ta1*基因所在染色体臂的端体家系中情况下（图6-5）。Sears根据小麦缺体系统的育性表现，把控制小麦雄性育性的基因定位在4A、5A、4B、5B和5D染色体上，并根据双端体系统的育性表现，进一步把控制雄性育性的基因定位在这些染色体的长臂上。同时，他还确定4D短臂与4A和4B长臂是部分同源的。把太谷核不育小麦的*Ta1*基因定位在4DS臂上，说明在4D染色体短臂上可能潜伏有与雄性育性有关的基因位点。在4DS端体家系中，可育株中出现的正常二体和不育株中出现的异形二体是F_1中异形二体发生交换而出现的重组类型，这样就可以计算出*Ta1*基因与着丝粒之间的遗传距离。

$$S=[1/2(\frac{\text{可育的正常二体}}{\text{可育株数（不包括单体）}}+\frac{\text{不育的异形二体}}{\text{不育株数（不包括单体）}})]\times 100$$

$$=[1/2(\frac{56}{174}+\frac{22}{73})]\times 100=[(32.18+30.14)/2]=31.16\text{（交换单位）}$$

表6-4 端体分析

端体类型＼株数＼染色体组成	异形二体	正常二体	单体	X^2（1∶1）
	20"+1t"	20"	20"+1'	$X^2_{0.05}=3.84$
1DL	21	21	1	0.02
2DL	11	15	1	0.35
2DS	23	26	1	0.08
3DL	23	20	5	0.09
3DS	13	15	1	0.04

续表

染色体组成/株数/端体类型	异形二体	正常二体	单体	X^2（1∶1）
	20"+1t"	20"	20"+1'	$X^2_{0.05}=3.84$
4DL	128	0	1	126.00
4DS	118	56	8	21.39
5DL	47	44	4	0.04
6DL	22	19	2	0.10
6DS	25	30	7	0.29
7DL	12	15	0	0.15
7DS	23	25	3	0.02

注：*X* 为卡方测验

二、'矮败小麦'

我国发现的太谷核不育小麦是受显性单基因控制的不育材料（邓景扬和高忠丽，1980；王琳清等，1980），它的显性雄性不育基因 *Ms2* 位于 4D 染色体短臂上（刘秉华等，1986）。太谷核不育小麦作为一个有用的遗传改良工具，已广泛用于我国小麦育种实践。'矮变一号'是陕西省西安市农业科学研究所从小麦品种'矮秆早'中选出的矮秆天然突变体，是小麦的重要矮源之一。陆维忠等（1982）首先报道了对'矮变一号'矮秆性的遗传研究结果，随后又进行了深入研究（陆维忠等，1985）。王玉成等（1982）对'矮变一号'矮秆基因进行了单体分析，认为'矮变一号'的矮秆性受两对作用不等的半显性基因控制，它们分别位于 4D 和 2A 染色体上。刘秉华（1982）分析前人的试验资料和研究结果认为，'矮变一号'的矮秆性受一对显性基因（或一对不完全显性基因）控制，它位于 4D 染色体上，与 2A 染色体无关。Izumi 等（1983）把'矮变一号'的显性矮秆基因命名为 *Rht10*，并且定位在 4D 染色体短臂上。为了拓宽太谷核不育小麦的应用范围和提高它的应用效能，刘秉华等以矮秆为标记性状，开展了太谷核不育小麦附加性状标记的研究。

（一）*Ms2* 基因与 *Rht10* 基因是紧密连锁的

用株高 25.5cm 的'矮变一号'纯合体（*Rht10Rht10*）给株高 108cm 的核不育'中国春'（*Ms2ms2*）授粉，F_1 都是株高 48cm 左右的植株，其中一半是不育株（*Rht10rht10Ms2ms2*），一半是可育株（*Rht10rht10ms2ms2*）。这与'矮变一号'的矮秆性受控于显性基因（或不完全显性基因）的期望结果是一致的。正常可育的高秆父本品种'中国春'小麦，对 F_1 的矮秆不育株来说是一个双隐性亲本（*rht10 rht10ms2ms2*），从它与矮秆不育株杂交后后代表现型的类型和比例可以推测矮秆不育株的配子类型和比例。如果育性和株高这两对性状是独立遗传的，测交后代应有矮秆不育、高秆不育、矮秆可育和高秆可育 4 种表现型，并呈现 1∶1∶1∶1 的分离比例。在 1984～1986 年的试验中，测交后代共有 321 株，只出现矮秆可育（152 株）和高秆不育（169 株）两种与原始亲本相同的表现型，而没有矮秆不育和高秆可育这两种重组类型（表 6-5）。这表明，在减数分裂时，*ms2* 和 *Rht10* 趋向一极，包含在一对配子中，而 *Ms2* 和 *rht10* 趋向另一极，包含在另一对配子中，即育性基因与株高基因是连锁遗传的。*Ms2* 和 *rht10* 位于一条染色体上，*ms2* 和 *Rht10* 位于另一条染色体上，这两条染色体是一对同源染色体。因为控制育性和株高的基因位点相距极近，所以在 321 株测交后代群体中没有出现重组类型，这与我们把 *Ms2* 基因及 Izumi 等把 *Rht10* 基因定位在同一染色体臂上（4DS）的结论是吻合的。所不同的是过去所测的 *Ms2* 和 *Rht10* 间的遗传距离较大，而刘秉华等的结果表明这两个基因是紧密连锁的。

表 6-5　测交后代育性与株高的关系

年份＼株数＼项目	总株数	高秆		矮秆	
		可育株	不育株	可育株	不育株
1984～1986	321	0	169	152	0
1985～1987	3248	13	1639	1588	8
1986～1988	5216	32	2632	2538	14

（二）‘矮败小麦’创制

为了得到矮秆不育这种重组类型，将带有矮秆基因标记的显性核不育材料用于育种实践。在 1985～1987 年的试验中，用‘矮变一号’给核不育‘北京 13 号’等授粉，F_1 的矮秆不育株再用‘丰抗 2 号’、‘北京 837’等非矮秆品种测交。在 3248 株测交后代群体中，筛选出 8 株矮秆不育株，细胞学检查和后代遗传分析表明，它们均为三体等非整倍体。在 1986～1988 年的 5216 株测交群体中，分离出高秆不育株 2632 株，矮秆可育株 2538 株，高秆可育株 32 株，矮秆不育株 14 株。对测交后代的高秆可育株和矮秆不育株这两种类型进行了细胞学检查，结果表明：32 株高秆可育株中除 2 株为正常二体外，其余 30 株均为单体；14 株矮秆不育株中除 1 株的染色体组成正常外，其余 13 株都是三体等类型的非整倍体。高秆可育株中的单体和矮秆不育株中的三体是由 F_1 矮秆不育株（母本）携带 *Rht10* 基因的 4D 染色体和携带 *Ms2* 的 4D 染色体在减数分裂时不分离或提早分离形成不含或含有一对 4D 染色体的 n=20 配子或 n=22 配子所致。染色体组成正常的矮秆不育株接受‘丰抗 2 号’等非矮秆品种花粉，在测交后代的 235 株中分离出两种表现型，即矮秆不育株和非矮秆可育株，两种类型的株高区分极为明显。这个结果表明，已经选育出太谷核不育小麦显性不育基因 *Ms2* 与‘矮变一号’显性矮秆基因 *Rht10* 连锁十分紧密的材料，定名为‘矮败小麦’。为了测定太谷核不育基因 *Ms2* 与矮秆基因 *Rht10* 间的连锁交换率，1990 年刘秉华等种植了 3917 株‘矮败小麦’后代群体。在这个较大的群体中，分离出矮秆不育株 1874 株，矮秆可育株 2 株，高秆可育株 2036 株和 5 株高秆不育株，根据以上数据，可以计算出这两个显性基因之间的连锁交换率是 0.18%。

（三）‘矮败小麦’的特点和优点

在自然界，作物的异花传粉有利于基因的交流和重组，而自花传粉有利于基因的纯合稳定。‘矮败小麦’用非矮秆品种的花粉授粉，其后代群体中有一半异交结实的矮秆不育株和一半自交结实的非矮秆可育株，集合自花授粉和异花授粉的特点于一体。‘矮败小麦’的矮秆不育株似花粉接收器，接受外来基因（花粉）并进行重组，重组后的基因通过后代分离的非矮秆可育株自交而纯合稳定，并从中选育出优良品种。循环往复，不断丰富遗传基础，持续选育优良品种。

1）‘矮败小麦’群体中的不育株与可育株，其株高差异一目了然，省去了人工鉴别不育株和可育株的大量劳动。

2）太谷核不育小麦后代群体中一半不育株和一半可育株的平均株高没有显著差异，不育株接受高于自身植株花粉的机会多，而接受低于自身植株花粉的机会少，因而轮选群体株高有逐渐升高趋势，利用‘矮败小麦’进行轮回选择能够有效克服这种弊端。

3）把鉴别不育株与可育株的时期提早在起身拔节期。借助于赤霉酸反应（‘矮败小麦’含有对赤霉酸反应不敏感的矮秆基因 *Rht10*），可以把鉴别育性的时期进一步提早在幼芽期。如有必要，可以及早除去后代群体中非矮秆可育株，以便控制授粉。

4）‘矮败小麦’群体分为两层，接受花粉的矮秆不育株在下，提供花粉的非矮秆可育株在上，矮秆不育株便于接受父本的花粉，从而提高异交结实率。

5）由于群体中有一半矮秆株和一半非矮秆株，因此便于分株，有利于群体中单株的选择和淘汰。

三、‘矮败小麦’轮回选择技术体系

一个新材料的出现往往伴随着一个新研究领域的开拓，并带来旧方法的革新。‘矮败小麦’的育成为小麦育种提供了一个新的有价值的遗传改良工具，必将推动小麦育种方法的革新。

近些年来，国内乃至国外的小麦育种工作都处于爬坡状态，选育的大多数品种在主体性状上没有突破性进展。不少人认为，这是由于资源匮乏，能够利用的亲本材料都用过了。这就说明了创新种质、丰富已有基因库的重要性。如果 2 个、

3个，甚至4个亲本不能包括育种目标所需求的全部基因，那6个、8个，甚至10个亲本应该能够满足育种目标的需要。问题是如何把这些亲本的优良基因组装起来，获得较为理想的重组体。常规的有性杂交方法能将少数亲本的优良性状组合在一起，而多个亲本优良性状的重组应该借助于轮回选择。

轮回选择对群体的改良作用已被玉米等异花授粉作物的实践所证实。自花授粉作物要成功地开展轮回选择，有效地进行群体改良，必须具有适宜的工具材料。雄性不育材料是大规模生产杂交种的工具，但核质互作雄性不育材料的后代，无论是雄性不育株，还是雄性可育株，都携带有雄性不育细胞质，显然不适合用作遗传改良工具。大麦、小麦、大豆等自花授粉作物都有利用隐性核不育材料开展轮回选择的实例，但由于隐性核不育材料后代群体中的不育株达不到要求的比例，同时不育株的异交特性不够理想，因此影响轮回选择的效果。由显性单基因控制的雄性不育，即显性不育，其后代群体中总是有一半雄性不育株和一半雄性可育株。如果不育株异交结实特性好，这种材料就是比较理想的群体改良工具。

太谷核不育小麦是一个显性核不育材料，它雄性败育彻底，不育性稳定，开放授粉异交结实率高，是迄今发现的最有特色的植物雄性不育材料之一。利用太谷核不育小麦开展轮回选择曾经比较普遍，后来大幅萎缩。究其原因，主要有二：在抽穗至开花短短几天时间内识别出群体中的不育株与可育株并人工作出标记，存在较大困难；群体内不育株与可育株的平均株高类似，矮秆株容易接受高秆株的花粉，而高秆株很难接受矮秆株的花粉，这样经过几次随机互交以后，群体株高就显著升高了，影响了轮回选择效果。

‘矮败小麦’是具有矮秆基因标记的太谷核不育小麦。在‘矮败小麦’后代群体中，有一半矮秆不育株和一半非矮秆可育株，二者的株高差异十分明显，在起身拔节期就能够鉴别出来。‘矮败小麦’保留了太谷核不育小麦的优点，克服了太谷核不育小麦的不足，发挥了‘矮变一号’的特长，是理想的群体改良工具。

根据轮回选择的一般原理和方法，结合‘矮败小麦’的特点，经过反复实践和思考，刘秉华等逐渐摸索出一套简单易行的群体改良方法，并且建立起‘矮败小麦’改良群体，抗倒性、抗病性、产量和品质等性状都得到了较大幅度提升，从中选出优良品种的概率大大增加。例如，从‘矮败小麦’后代群体中选育的品种‘RS981’表现矮秆、抗病、大穗大粒、中偏早熟、成熟落黄好，同时品质较好，推广应用前景广阔。‘矮败小麦’及其配套育种技术的广泛采用，引导了小麦育种方法的革新，进一步提高了小麦品种的性状水平。

图6-7是利用‘矮败小麦’开展轮回选择的程序和方法。其主体技术包括：组建一个好的基础群体，利用控制授粉向群体引进优良基因，通过开花前不良可育株的淘汰提高优良基因频率，借助于可育株与不育株的异交使优良基因相互重组，同时把握好矮秆不育株的收获关。

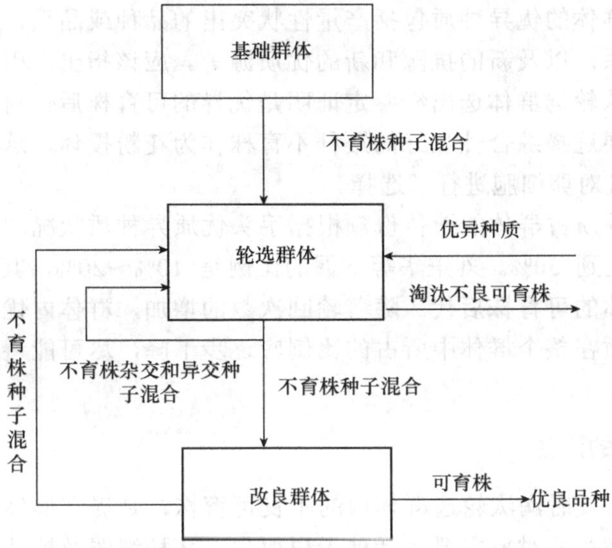

图 6-7　‘矮败小麦’群体改良的程序和方法

(一) 基础群体组建

基础群体是轮回选择的物质基础，要根据群体改良的中期或长期目标审慎选择亲本，亲本数量以 15~20 个为宜。各亲本分别与矮败株杂交，并与 F_1 矮秆不育株回交 1 次，使轮回父本的遗传组成占到 75%。在矮败株上收获的回交后代种子，按一定比例混合成轮回选择的基础群体。例如，刘秉华等在组建抗病基础群体时，选用 7 个抗病亲本（抗白粉病、抗条锈病等）、8 个丰产亲本和 3 个优质亲本，各类亲本在群体所占的遗传份额分别为 30%、60%和 10%；在组建优质群体时，选用 6 个优质亲本、8 个丰产亲本和 4 个抗病亲本，三者在群体中所占的遗传份额分别是 40%、50%和 10%；在组建超高产基础群体时，选用 10 个农艺亲本、5 个抗病亲本、5 个矮秆亲本和 4 个优质亲本，它们所占的遗传份额分别为 70%、12%、10%和 8%。

(二) 轮回选择

基础群体内的可育株与不育株进行 1～2 次的自由授粉后，从矮秆不育株上收获的种子混合成轮回选择群体。

1. 优良种质引入

传统的轮回选择方法一般很少或不再将外界种质引进已经组成的基础群体。在小麦群体改良实践中发现，这样做的效果并不理想。相反，通过控制授粉持续不断地将优异种质引入群体，取得了较好的群体改良效果。

能够引入群体的优异种质包括产量性状突出的品种或品系，综合农艺性状优异的品种或品系，以及新的抗源和新的优质源等。应该指出，引入种质的另外一个重要部分是从轮选群体选出经鉴定证明是优异的可育株后代材料。在引进优异种质时，一定要选择综合性状好的矮秆不育株作为花粉授体，这样不仅对花粉进行了选择，而且对卵细胞进行了选择。

每轮引入种质占群体的遗传份额根据手头优质异种质状况和群体实际表现确定，最高可以达到 50%。刘秉华等掌握的比例是 10%～20%，其中很大部分是经鉴定又回归群体的可育株后代。随着轮回次数的增加，群体内优良基因频率不断提高，引入种质在整个群体中所占的比例应逐步下降，尽可能避免不良基因进入已经改良的群体。

2. 不良可育株的淘汰

开花散粉前及时淘汰轮选群体内的不良可育株，是提高群体内优良基因频率的重要步骤。淘汰的对象主要包括穗子短而尖、茎秆细弱及植株过高而农艺性状又不突出的各类可育株。每轮淘汰的比例为可育株群体的 5%～10%。轮回选择的前几轮淘汰对象要严格掌握，尽可能少淘汰，以免把目标基因淘汰出群体。但当群体得到较大改良以后，表现不良的可育株要毫不犹豫地淘汰出局。

3. 互交重组

轮回选择群体内极少存在相同基因型个体，非矮秆可育株与矮秆不育株的自由串粉实现了不同基因型植株间的基因交流和重组，为新基因重组体的出现创造了条件。轮回选择群体内基因重组体的水平主要取决于互交次数和优良基因频率。互交 1 次有 2 种基因型的重组体，互交 2 次和 3 次则可能分别有 4 种和 8 种基因型的重组体，等等。在轮回选择过程中，通过互交，群体内的基因进行大规模、反复重组，不断提高重组体的水平。

4. 矮秆不育株的收获

矮秆不育株的收获是选择的重要一环，直接影响下一轮群体的遗传构成。收获种子的矮秆不育株一般不少于不育株总数的 50%，多在 60%～80%；每个矮败不育株上收获的穗子不多于 4 个，一般为 2 个。选收不育株的指标是株型、丰产性、抗病性和成熟期等。在矮秆不育株中，可能有 45cm、55cm 和 65cm 几类不同的高度，一般选择前 2 种，淘汰后一种，因为前 2 种除含有 *Rht10* 矮秆基因外，还可能含有其他矮秆基因，而 65cm 类型一般不含 *Rht10* 以外的矮秆基因，后代分离出的可育株偏高。

（三）改良群体

选择与互交是轮回选择的两个基本环节。通过选择和淘汰，改变轮选群体的遗传构成，提高优良基因频率；借助于可育株与不育株的互交，使分散于不同个体的优良基因重组。经过反复的选择与互交程序，群体内优良基因频率和优良基因重组体水平不断提高，进而使群体得到改良。

在改良群体内，每个可育株都可能是一个好的复合杂交 F_1，经自交分离与选择，育成优良品种的概率大为增加。以北京生态区的‘矮败小麦’改良群体为基础，可以在较短时间内发展其他生态区的改良群体。‘矮败小麦’及其育种方法的广泛应用，必将对 21 世纪的小麦育种产生较大影响。

四、‘矮败小麦’在小麦育种中的利用

通过轮回选择，打破不利遗传连锁，协调基因互作关系，聚合有益基因，有效解决高产与多抗、高产与广适、矮秆与高产、优质与高产等诸多矛盾，育成一批小麦新品种。

（一）高产、稳产品种

利用‘矮败小麦’高效育种方法育成了‘轮选’系列、‘川麦’系列等高产、稳产新品种。‘轮选 987’株型松紧适中，群体结构合理，产量三要素协调。其参加两年国家区域试验，平均产量比对照增产 14.8%，居各参试品种第一位。一个区试点折合单产 715kg/亩，河北省徐水县生产田单产 673.5kg/亩，分别创当时国家区域试验和北部冬麦区小麦生产最高产量纪录。在北京市组织的小麦高产竞赛中，‘轮选 987’连续多年获得冠军。2014 年北京市窦店村种植 170 亩‘轮选 987’，北京市农业局组织专家实产验收，平均单产 682kg/亩，创造了北京市小麦单产最高纪录，也打破了该品种 2011 年创造的 605kg/亩单产纪录，‘轮选 987’较好地克服了北部冬麦品种矮秆与繁茂性、矮秆与早衰、高产与多抗（抗寒、抗病、抗穗发芽、抗吸浆虫、耐旱节水、较抗干热风）、高产与广适的矛盾，成为北部冬麦区第一个在生产上大面积推广的矮秆、多抗、超高产新品种，从国家审定至今 10 多年不衰。‘轮选 987’不仅高产、稳产，而且配合力好，迄今利用‘轮选 987’作亲本，已经育成 5 个国审小麦品种。

通过冬春杂交，构建‘矮败小麦’轮选群体，育成了‘淮麦’系列等高产、稳产、广适新品种。‘淮麦 25’是一个产量潜力大、综合性突出、适应范围广的小麦新品种。它参加国家黄淮南片冬水组区域试验，在分布于 6 省区的 42 点次试验

中，平均单产 564.2kg/亩，比对照增产极显著，居各参试品种第一位，其中淮海农场试点两年平均单产高达 705.1kg/亩。‘淮麦 25’抗寒性好，高抗白粉病和秆锈病，中抗纹枯病，后期叶功能期长，耐后期高温，成熟落黄好。

（二）优质高产品种

利用 20 份优异种质构建优质抗病‘矮败小麦’轮选群体，经过连续几轮“选择—互交”，使群体得到改良，从中选育出优质弱筋新品种‘豫麦 50’。该品种粗蛋白含量 9.98%，湿面筋含量 20.8%，吸水率 54.2%，面团形成时间 1.3min，稳定时间 1.5min，均超过国标优质弱筋麦标准。同时两年区域试验平均产量比对照增产 8.5%，获国家优质弱筋品种金奖。‘郑麦 98’蛋白质含量在 15%以上，湿面筋含量在 35%以上，形成时间 7min，稳定时间 12min，符合国际强筋小麦标准。同时该品种产量高，比优质对照‘豫麦 34’增产 17.1%。‘轮选 061’蛋白质含量 15.8%，湿面筋含量 34%，吸水率 60.1%，稳定时间 16min。其参加河北省中南部优质组区域试验和生产试验，平均单产 493.1kg/亩，是一个推广前景广阔的优质强筋小麦品种。

（三）抗旱节水品种

利用‘矮败小麦’轮选技术育成了‘中旱 110’等抗旱节水品种。1998～2000 年，甘肃省定西地区旱农中心对‘中旱 110’进行抗旱性鉴定，其在高渗溶液为 15 个大气压的胁迫下，返青率在 90%以上，苗期和蜡熟期叶片未萎蔫。在该地区连续 3 年春季持续 60 天大旱的情况下，其表现为叶片黄叶少，后期抗青秕，籽粒饱满。在北京、陕西、河北、山西、甘肃等地参加多点旱地试验，分别比对照‘晋麦 33’、‘长武 131’、‘丰抗 8 号’、‘晋麦 53’、‘咸农 4 号’增产 31.5%、15.4%、5.3%、12.5%、7.2%。‘中旱 110’抗旱能力强，可在干旱条件下实现高产、稳产。

主要参考文献

邓景扬，高忠丽. 1980. 小麦显性雄性不育基因的发现和利用. 作物学报, 6(2): 85-92.
刘秉华，杨丽，王山荭，等. 2002. 矮败小麦群体改良的方法与技术. 作物学报, 28(1): 69-71.
刘秉华. 2001. 作物改良理论与方法. 北京：中国农业科学技术出版社.
刘秉华，邓景扬. 1986. 小麦显性雄性不育单基因 *Tal* 的染色体组定位及端体分析. 中国科学(B 辑): 157-165.
刘庆昌. 2015. 遗传学. 北京：科学出版社.
陆维忠，赵寅槐，冯晓棠，等. 1982. 小麦“矮变一号”矮秆遗传的初步分析. 作物学报, 8(1): 65-67.
陆维忠，赵寅槐，冯晓棠，等. 1985. 小麦“矮变一号”矮秆性遗传研究. 作物学报, 11(1): 39-46.
孙其信. 2011. 作物育种学. 北京：高等教育出版社.
王琳清，程俊源，施巾帼. 1980. 小麦显性单基因控制的雄性不育材料“2-2-3”的研究及其利用. 中国农业科学, (2): 1-8.

王玉成, 薛秀庄, 唐田顺. 1982. “矮变一号”小麦株高遗传的单体分析. 作物学报, 8(8): 193-198.

张天真. 2003. 作物育种学概论. 北京: 中国农业出版社.

Izumi N, Sawada S, Sasakuma T, et al. 1983. Genetic analysis of dwarfness in tricicum-aesticum ai-bian-1.31: 38-48.

Liu B H, Deng J Y. 1986. Genome study and telosomic analysis of the single dominant male-sterile_*Ta1* gene in common wheat. Scientia Sinica (Series B), (5): 517-525.

第七章　单倍体育种的理论基础及其育种案例分析

单倍体（haploid）是指具有配子染色体组的个体。利用单倍体育种，①可以控制杂种分离，缩短育种年限；②可以提高获得纯合体的效率（图 7-1）；③可以与其他育种方法相结合，提高育种效率，节省人力、物力。

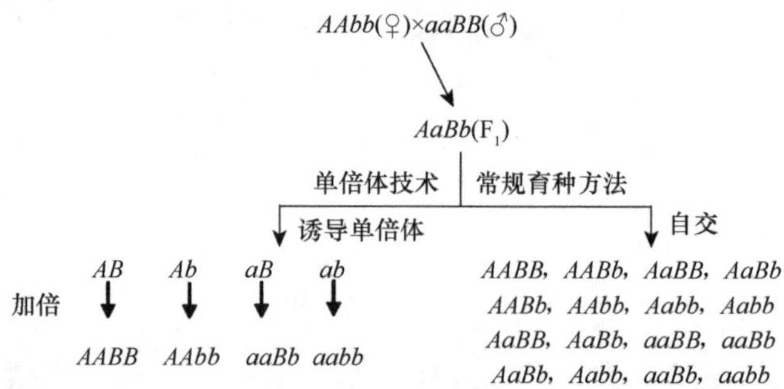

图 7-1　常规育种方法与单倍体育种方法遗传模式比较

第一节　单倍体形成机制

一、单倍体的产生

单倍体一般是由不正常的受精过程和孤雌生殖、孤雄生殖、无配子生殖等产生的。其产生的途径有两个：①自然发生，②人工诱发。自然界单倍体的产生是在不正常受精过程中发生的，一般通过孤雌生殖、孤雄生殖或无配子生殖等方式产生。到目前为止，已在曼陀罗、玉米、小麦、水稻、烟草、棉花、黑麦、亚麻、油菜等作物中发现过单倍体。单倍体的自然发生频率很低，如孤雌生殖产生的单倍体约为 0.1%，孤雄生殖产生的单倍体仅为 0.01%。不同物种自然产生单倍体的频率也有很大差别，如小麦为 0.48%，玉米为 1%～0.0005%。

孤雌生殖（female parthenogenesis）是指卵细胞未经受精而发育成个体的生殖方式。孤雄生殖（male parthenogenesis）是精子进入卵子后未与卵核融合，而卵核发生退化、解体，精核在卵细胞内发育成胚的生殖方式。无配子生殖（apogamy）是指助细胞或反足细胞未经受精而发育成单倍体的胚的生殖方式。

人工诱发单倍体的途径有：远缘杂交、物理处理、化学处理、延迟授粉、双生苗的选择等。20 世纪 60 年代以来，在水稻、小麦和玉米上利用花药或花粉培养、染色体有选择地消失、孤雌生殖诱导等方法也产生了单倍体。

二、单倍体的类型

根据染色体平衡与否，把单倍体分为整倍单倍体和非整倍单倍体两大类型。

1. 整倍单倍体

整倍单倍体（euhaploid）的染色体是平衡的。根据其物种的倍性水平又可分为一倍体（monoploid）或单元单倍体（monohaploid）和多倍（元）单倍体（polyhaploid）。一倍体是由二倍体物种产生的单倍体类型，如玉米、水稻等的单倍体；多元单倍体是由多倍体物种产生的单倍体类型，如普通小麦、陆地棉等的单倍体。由同源多倍体和异源多倍体产生的多倍单倍体，分别称为同源多倍单倍体（autopolyhaploid）和异源多倍单倍体（allopolyhaploid）。

2. 非整倍单倍体

非整倍单倍体（aneuhaploid）与整倍单倍体不同，其染色体数目可额外增加或减少，而并非染色体数目精确减半，所以是不平衡的。例如，额外染色体是该物种配子体的成员时，便称为二体单倍体（n+1，disomic haploid）；如果额外染色体来源于不同物种或属，便称为附加单倍体（n+1 等，addition haploid）；如果比该物种正常配子体的染色体组少一个染色体，便称为缺体单倍体（$n-1$，nullisomic haploid）；如果是用外来的一条或数条染色体代替单倍体染色体组的一条或数条染色体，便称为置换单倍体（$n-1+1'$，substitution haploid）；如果含有一些具端着丝粒的染色体或错分裂的产物如等臂染色体，便称为错分裂单倍体（misdiversion haploid）。

三、单倍体产生的途径和方法

自然界产生单倍体的频率很低，更难以获得育种所需要的具各种遗传组成的单倍体。因此，开展作物单倍体育种还应进行人工诱导，其主要途径和方法有以下几种。

1. 组织和细胞的离体培养

（1）花药（花粉）离体培养

花药（粉）培养的原理是植物细胞组织的全能性。我国已在小麦、水稻、玉米、烟草、甘蔗、甜菜、油菜等 40 多种植物中获得花粉单倍体植株。其中小麦、玉米等 19 种作物的单倍体由我国率先培育成功。

（2）未受精子房（胚珠）培养

首例由未受精子房培养出单倍体的作物是大麦，而后在小麦、烟草、水稻、玉米等作物中也取得成功。

2. 单性生殖

（1）远缘花粉刺激

通过异种、属花粉授粉诱发孤雌生殖。远源花粉虽不能与卵细胞受精，但能刺激卵细胞开始分裂并发育成胚。由未受精的卵发育成的胚有可能是单倍性的。远源花粉刺激在烟草属、茄属和小麦属获得的单倍体最多。例如，用玉米作为授粉者对小麦授粉，杂交后代玉米染色体选择性消失，获得小麦单倍体。

（2）利用延迟授粉

去雄后延迟授粉能提高单倍体发生频率。由于延迟授粉，花粉管即使到达胚囊，也只有极核可能受精，形成三倍体的胚乳和单倍性的胚。

（3）从双生苗中选择

1 粒种子上长出 2 株苗或多株苗称为孪生苗（双胚苗）或多胚苗。从双胚种子中长出来的双生苗（twin seedling），可出现 n/n、$n/2n$、$n/3n$、$2n/2n$ 各种倍性类型，其中的单倍体（n）可能来自孤雌生殖；二倍体（$2n$）可能来自助细胞受精；三倍体（$3n$）的胚可能是无配子生殖时，$2n$ 的卵细胞受精的结果，也可能是 2 个精子和 1 个正常卵细胞结合所致，或者是由胚乳产生。

（4）利用半配合生殖

20 世纪 60 年代，Turcotte 等在海岛棉上发现棉花半配合（semigamy）生殖。这是一种特殊类型的有性生殖方式，也是一种不正常的受精类型。当精核进入卵细胞后，不与雌核结合，雌、雄核各自独立分裂，所形成的胚是由雌、雄核同时各自分裂发育而成，由这种杂合胚形成的种子长成的植株，多为嵌合体（chimera）的单倍体。

（5）利用诱发（单倍体）基因及核质互作

近年来，在某些植物中发现有个别的突变基因能诱发单倍体，如大麦中的 *hap* 有促进单倍体形成和生存的效应。凡具有 *hap* 启动基因的，在原突变系中，其后代有 11%～14%的单倍体。玉米中的 *ig* 基因也可产生高频率的单倍体。当用具有 *igig* 基因和显性遗传标记性状的品种作母本与具有 *IgIg* 基因的隐性性状父本杂交时，其后代也可获得孤雌生殖单倍体（F_1 种子没有显性性状者），比一般玉米的雄核发育频率提高 100 倍以上。

利用异种、属细胞质和核的异质作用，也可获得单倍体。据 Kihara 和 Tsunewaki（1962）报道：一个被尾状山羊草（*Aegilops caudata*）细胞质所替换的小麦品种'Salmon'，其后代产生了30%的单倍体，该品种是 1B/1R 易位系。当它的合子带有 1B/1R 时，约能产生 85%的单倍体或是 $n/2n$ 的双生苗。例如，具有尾状山羊草细胞质的小麦核替换系去雄后不授粉，经 6～9 天后所固定的胚珠中，发现有 29.8%的单性生殖胚（胚乳未发育）；去雄后延迟 5～9 天授粉的后代植株中，也获得了 29.4%的单倍体。用尾状山羊草细胞质组成的小麦异代换系，可产生高频率的单倍体。

（6）利用理化因素诱变

用辐射处理过的花粉授在正常的雌蕊上，虽受精过程受到影响，但能刺激卵细胞分裂发育，从而诱发单性生殖的单倍体。到目前为止，利用理化因素诱变已在小麦、一粒小麦、烟草、棉花等作物上获得单倍体。

某些化学药物能刺激未受精的卵细胞发育形成单倍体植株。常用的化学药剂有硫酸二乙酯、2,4-二氯苯氧乙酸类除草剂（2,4-dichlorophenoxy，2,4-D）、1-萘乙酸（1-naphthaleneacetic acid，NAA）、脱落酸（abscisic acid，ABA）、三甲基亚砜、乙烯亚胺（EI）等。一般用化学药剂直接处理未授粉果穗，后代中可出现单倍体。

（7）利用玉米单倍体诱导系

利用单倍体诱导系，结合性状标记基因，可以诱发玉米单倍体的产生。世界上第一个选育成功和目前普遍使用的母本单倍体诱导系'Stock6'，其自交后代中可产生约 2.52%的单倍体植株。各国育种家先后育成了一些具有单倍体诱发能力的自交系，如'A385'、'ZMS'（Zarodyshevy marker Saratovsky）、'KMS'（Korichnevv marker Saratovsk）及'MHI'（Moldovian haploid inducer）、'农大高诱 1 号'、'吉高诱 3 号'等。利用单倍体诱导系杂交诱导单倍体，不但诱导率很高，而且方法简单，所获得的单倍体完全取决于母本基因型的随机组合，单倍体经过染色体加倍，即可成为可育的纯合二倍体。利用单倍体育种，不但可以大大缩短自交系的选育周期，加快育种进程，而且可以实现配子选择，提高有利基因型的入选频率。近年来，国内外玉米育种家都在尝试利用单倍体诱导系进行自交系选育，以期加快育种速度，缩短杂交种培育时间。

3. 体细胞染色体有选择地消失（chromosome selective elimination）

最早发现体细胞染色体有选择消失现象的是在普通冬小麦与球茎大麦（*Hordeum bulbosum*）的杂交后代中，获得了类似单性生殖的种子。进一步研究发现，普通大麦或小麦与球茎大麦杂交时，在受精卵（合子）有丝分裂发育成胚和极核受精后的胚乳发育过程中，由于来自球茎大麦的染色体在有丝分裂过程中不正常而逐渐消失，最后形成的幼胚只含有普通大麦或小麦的染色体而成为单倍体。

因为这种幼胚的胚乳发育不正常，所以在授粉10多天后，应将幼胚取下进行离体培养才能获得单倍体植株。这种染色体有选择地消失，主要受球茎大麦核基因的控制，而且这些核基因位于球茎大麦2号染色体的两臂和3号染色体的短臂上。

除此之外，六倍体普通小麦与玉米杂交后代的幼胚在发育过程中，玉米花粉的染色体选择性消失，最后仅剩下来自于普通小麦的21条染色体，形成小麦的单倍体。

四、单倍体二倍化

单倍体植株只含有配子体的一套染色体，在减数分裂后期Ⅰ，染色体将无规则地分配到子细胞中去，很少产生有效配子，育性很低。所以，单倍体本身没有直接利用价值，必须在其转入有性世代之前将其染色体二倍化，恢复育性，产生纯合的二倍体种子。

单倍体加倍的方法有两种：一是自然加倍，在愈伤组织期间，一些细胞常常发生核内有丝分裂而使染色体数目加倍，但自然加倍的频率是较低的。另一种是人工加倍，常用秋水仙碱加倍，处理时间短，对植株危害小，大规模应用时易掌握、有效且方便。在用秋水仙碱处理时，禾本科中具须根系的大麦、小麦、玉米等宜用药剂浸分蘖节；具直根系的双子叶作物棉花宜处理顶部生长点；木本植物宜处理茎尖或侧芽生长点。

第二节　玉米单倍体育种

自20世纪20年代在被子植物中发现单倍体以来，人们一直试图通过试验途径获得单倍体。直到1964年通过花药培养成功获得单倍体后，应用单倍体技术进行品种改良进入了迅速发展时期。除了花药培养之外，通过孤雌生殖、孤雄生殖、远缘杂交、物理或化学诱导等途径获得单倍体的技术也先后成功建立。此后利用单倍体技术与常规育种有机结合，育成了一大批小麦、水稻、烟草、玉米、油菜等作物新品种，提高了作物育种效率。

一、玉米单倍体的诱导

近年来，玉米单倍体育种技术已逐步成为玉米育种的关键技术之一。国内外许多种业公司均已实现单倍体育种的规模化应用，以此取代传统的二环系选育技术的趋势日趋明显。

我国经过近20年的研究，在玉米单倍体技术领域取得显著进展，建立了具有自主知识产权的育种体系，总体上处于国际先进水平。在单倍体诱导技术方面，相继选育出已经大规模应用的高频孤雌生殖诱导系，包括新一代高油型孤雌生殖诱导系。新的孤雌生殖诱导材料孤雌生殖诱导率均可达 8%以上。在单倍体筛选鉴别技术方面，我国在国际上率先研制出核磁单倍体自动分选仪。在单倍体加倍技术方面，自然加倍和高效化学加倍技术已实现规模化应用。在单倍体育种理论方面，提出油分鉴别单倍体、胚加倍单倍体（early doubled haploid 或 embryo doubled haploid，EH）育种等新思路。

与离体培养单倍体相比，孤雌生殖诱导单倍体的程序简单，即用孤雌生殖诱导系作父本和希望获得单倍体的供体材料进行杂交，然后根据一定的标记鉴定单倍体，其诱导程序见图 7-2。

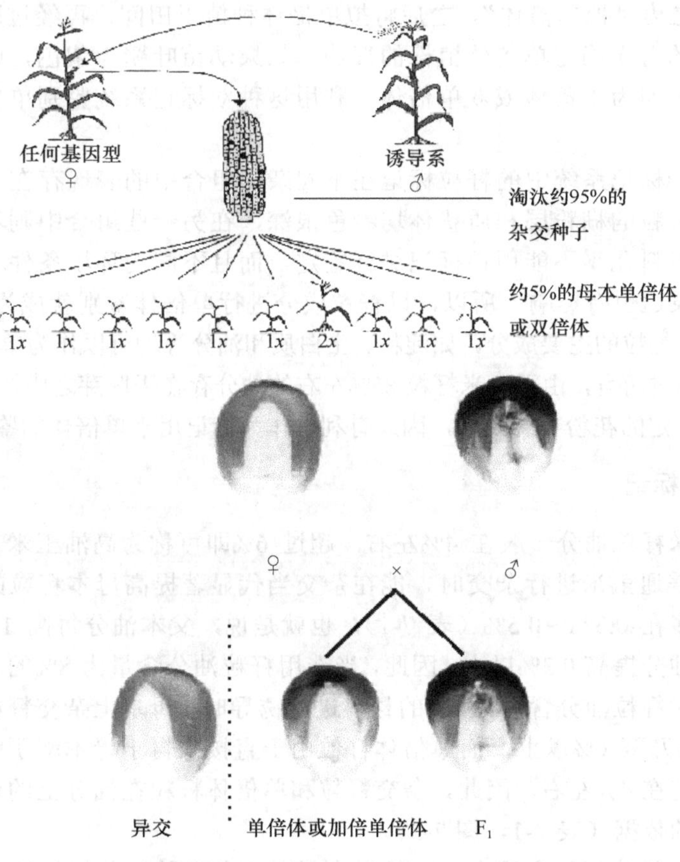

图 7-2　孤雌生殖单倍体诱导示意图（陈绍江等，2009）

从图 7-2 可以看出，以一种基因型玉米（无色糊粉层，无色胚芽，绿色植株）为母本，以孤雌生殖诱导系（紫色糊粉层，紫色胚芽，紫色植株）为父本，从当代杂交果穗上就可以产生一定比例的单倍体籽粒，但大部分仍为杂交籽粒，也可能出现部分自交籽粒。如果是杂交籽粒，则表现为紫色糊粉层，紫色胚芽（图 7-2 中 F_1 籽粒），应淘汰；如果是自交籽粒，则表现为无色糊粉层，无色胚芽，也应予以淘汰；如果是单倍体籽粒，则表现为紫色糊粉层，无色胚芽。

二、玉米单倍体的鉴定

1. 遗传标记系统

在单倍体的鉴别中，可以采用籽粒标记和植株标记相结合的方法进行判断。首先依据上述图 7-2 的判断标准，根据籽粒糊粉层和胚芽的颜色挑选出可能的单倍体籽粒，称之为“拟单倍体”。之后将拟单倍体种植于田间，再经过胚根色素或苗期叶鞘色素的有无确定单倍体植株的真伪。如果幼苗叶鞘为紫色，则予以淘汰，叶鞘为绿色的即为单倍体或双单倍体。利用这种双标记系统鉴别单倍体的准确率很高。

但是这一标记系统中的籽粒标记在不同杂交组合中的表现存在很大差异，在有些组合中籽粒的糊粉层和盾状体均着色很深，在另一些组合中则着色很浅或不着色，有的材料几乎不能用该标记进行鉴定，而且不同的环境条件和籽粒发育状态对标记的表达也有影响。所以，以籽粒成分进行单倍体鉴别就成为新的选择。

理论上，籽粒的主要成分，如淀粉、蛋白质和油分等均可以作为单倍体筛选的化学指标，但相对而言，由于玉米籽粒 85%左右的油分存在于胚芽之中，相对稳定，且高油分具有一定的花粉直感效应，因此有利于作为标记用于单倍体的鉴别。

2. 油分含量标记

普通玉米籽粒油分一般在 4%左右，超过 6%即可称为高油玉米。当用高油玉米作父本与普通玉米进行杂交时，能在杂交当代显著提高母本籽粒的油分，花粉直感效应值多在 0.3%～0.5%（表 7-1），也就是说，父本油分每高 1%，可以使母本上的籽粒油分提高 0.3%以上。因此，当选用籽粒油分含量为 8%的高油单倍体诱导系作父本对籽粒油分含量为 4%的材料进行诱导时，母本上杂交籽粒的油分含量可以达到 5%乃至 6%以上，而单倍体籽粒由于直接来自于母本配子的单独发育，其含油量维持在 4%左右。因此，杂交籽粒和单倍体籽粒在油分上的差异即可成为单倍体鉴别的依据（表 7-1，图 7-3）。

在玉米单倍体育种实践中，一般母本材料为杂交种，其籽粒油分可能存在一定的分离，如何设定单倍体与杂交籽粒的油分含量界限成为通过油分鉴别单倍体需要考虑的因素。以‘郑单 958’为例，如以籽粒油分为 8%左右的‘CAUHOI’为父本，杂交后的籽粒油分分布可以较为明显的分为两类（表 7-2），杂交籽粒的油分含量基本在4.5%以上，单倍体则在4%以下。

表 7-1　高油诱导系的花粉直感效应（陈绍江和宋同明，2003）

自交系	自交粒含油量/%	杂交粒含油量/%	差值	增加率/%
178	4.13	5.53	1.41	34.14
F135	3.75	5.30	1.55	41.33
Y331	3.28	4.51	1.23	37.50
8701	4.10	5.45	1.34	32.68
1145	4.06	5.51	1.45	36.25
平均	3.86	5.26	1.39	36.38

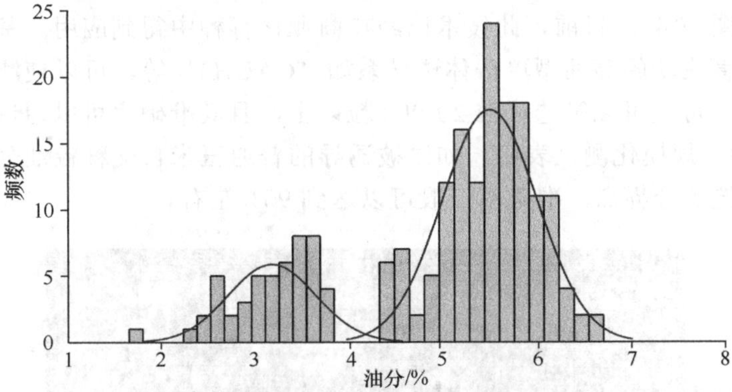

图 7-3　单倍体与杂交籽粒油分分布图

表 7-2　油分鉴别单倍体理论参考值

单倍体籽粒/%	杂交籽粒/%	准确率/%	油分界限值/%
4.00	6.00	60	5.14
4.00	6.00	70	5.00
4.00	6.00	80	4.85
4.00	6.00	90	4.64

3. 分子标记

利用分子标记进行玉米单倍体鉴定也是一种有效的方法。目前应用最广泛的是SSR分子标记。只要筛选到孤雌生殖诱导系和基础材料间合适的多态性SSR标记，就可以很容易地用来区分单倍体和非单倍体，因为理论上单倍体只有母本的条带，非单倍体都是杂合带型。随着籽粒微量DNA提取技术的发展，这种技术应用的可能性将会大大增加。

三、玉米单倍体筛选的自动化

玉米单倍体筛选的自动化是单倍体育种技术规模化应用的重要技术之一。目前，自动化筛选的方式主要有两种：一种是基于色素表达和胚部形态而形成的自动色选方法，另一种是基于籽粒化学特征而形成的自动核磁方法和近红外方法等。

自动色选技术在玉米单倍体籽粒筛选方面因色素表达不稳定而受到很大限制，因此尚难以进行实际应用。目前，以核磁共振和近红外测试技术为代表的鉴别技术已经成为玉米单倍体自动筛选技术发展的重要方向，其中又以核磁共振技术较为成熟。核磁共振技术可以准确地对籽粒油分进行测定，为此国内开展了核磁共振技术的自动化研究，并在近年成功研发出可以用于单倍体全自动筛选的核磁共振仪（图 7-4）。目前，此技术已经在商业化育种中得到应用。基于此技术，配合已经选育成功的高油型单倍体诱导系如‘CAUH3’等，可以使测油速度达到3～4 s/籽粒，每天可以筛选籽粒 20 000 粒以上，且其准确率可以通过设定参数控制（表 7-2）。规模化测试表明，如以被诱导的普通玉米自交籽粒油分为单倍体与非单倍体筛选的分界点，准确率一般可以达到 90%左右。

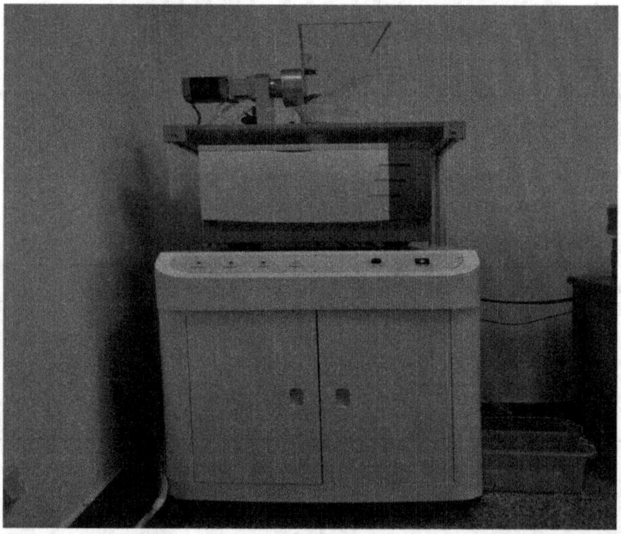

图 7-4　玉米含油量测定仪器——核磁共振仪

四、玉米单倍体加倍方法

玉米单倍体加倍可以采用自然加倍方法，也可采用化学加倍方法。目前多用自然加倍方法获得双单倍体（dihaploid，DH）。

1. 自然加倍

单倍体往往表现出高度不育，但也存在不同程度的二倍化而使育性恢复，这为单倍体的自然加倍提供了可能。玉米单倍体的自然加倍除了与基因型有关外，还与种植环境有很大关系。因此，在育种中可以选择自然加倍能力强的材料开展单倍体育种，也可以选择适宜自然加倍的地点专门用于单倍体的加倍。

单倍体早期加倍或胚加倍是自然加倍技术的重要内容。研究表明，单倍体存在一定频率的胚加倍，即在籽粒发育过程中实现二倍化，形成早期加倍单倍体EH，此类DH表现为完全可育，营养细胞中二倍体细胞占据大部分比例或者100%完全二倍化，植株农艺性状与常规DH系一致。因此，EH系可以无需经过加代繁殖直接用于下一步育种实践。EH在单倍体群体中出现的概率较低，目前发现的最高仅为3%左右。如能通过化学和生物学途径提高其频率，或通过自动化途径实现EH的快速筛选，就有可能省去传统的单倍体加倍过程，使单倍体育种技术大为简化，实现一步成系。

2. 化学加倍

与其他作物（如小麦、水稻）相比，玉米单倍体的化学加倍率相对比较低。这与玉米本身的特点有关，如不具有分蘖，减少了茎尖加倍的概率，幼苗根系脆嫩，使得处理后不易成活等。关于单倍体化学加倍的方法很多，应用物理和化学因素进行处理都可成功，但以化学药剂更为有效，如秋水仙碱、萘嵌戊烷、异生长素、N_2O和除草剂等都可诱发玉米单倍体加倍。其中秋水仙碱效果最好，使用最广泛。一般利用0.2%～0.4%的秋水仙碱进行24～48h的种子处理或利用0.6%～0.8%的浓度进行6～10h的芽苗处理可以得到较好的处理效果，一般结实率可以达到20%以上。

单倍体加倍实际上包括两个方面：一是雄穗加倍，另一个是雌穗加倍。正常情况下，只要花粉充足，70%以上的单倍体雌穗均具有结实能力。因此，主要受限因素是雄穗加倍及雌雄协调性。

加倍成功的单倍体主要表现为能散粉，但有不少植株雄穗散粉太少或太快难以对雌穗授粉，从而影响了加倍的成功率。因此，在实际操作过程中需要采取一些园艺化精细管理措施来提高效率，如处理后直接种植，由于芽苗长势弱，需要特别注意土质和墒情，以保证成活率。为避免直接种植出现的一些问题，育苗移栽是目前应用规模较大的一种方法，通过对处理后芽苗采取营养钵缓苗等措施，可以使处理后幼苗能够逐步恢复正常，在四至六叶期即可移栽。移苗之后需精细管理，必要时加盖遮阳网等，从而保证幼苗正常生长。另外，单倍体育种圃应土壤肥沃，易灌易排。

在授粉过程中，单倍体不同单株的育性恢复程度不一样，导致散粉性也大不一样，有的植株散粉性很好，雄穗所有分支都能散粉且花粉量很大；有的则只有一两个分支能散粉；还有的有花药吐露，但是不能散粉；更有甚者花药不吐露。因此，针对不同情况要采取不同的授粉策略。前两种情况一般都能正常授粉结实，但是后两种情况需要人工辅助授粉。授粉时可以准备一把镊子将花药撕开，抖出其中的少量花粉涂抹在花丝上。这个过程要注意彼此间串粉，每次授粉后都需要用乙醇将镊子洗干净。

获得 DH 系后，就可以在育种中进行以下工作：①加快纯系的选育。如果利用孤雌生殖诱导系，将杂种一代（F_1）或二代（F_2）进行单倍体诱导或经过花粉的组织培养，然后经过加倍得到的双单倍体在一个世代就可得到纯合的重组二倍体，这种二倍体的纯合性在理论上是 100%的纯合，在遗传上是稳定的。结合在海南加代繁殖，若一年内种 2～3 季，一年内便可选育出纯系。这对于缩短育种年限、加快育种进程具有重要意义。②亲本保纯和高代系纯化。在玉米种子生产过程中，亲本种子纯度是制种的关键因素之一，它将直接影响杂交种的实用价值。亲本经过多年繁殖后常出现退化和混杂现象，原来的优良性状会逐渐变坏，严重时就失去了应用价值。利用单倍体技术产生单倍体，经过加倍形成 DH 系，由于 DH 系内无杂合位点，因此在种子生产中应用将有利于亲本纯度的长期保持及其杂交种的整齐性。单倍体技术用于高代系纯化，也可在一定程度上加快选育进程，保证参试种子的一致性。③用于群体改良。在用轮回选择进行群体改良时，如果个体基因型处于高度杂合状态，当选个体带入下轮群体时，除了含有有利基因以外，还有大量隐性不利基因，这些不利基因只有经过多轮的选择才能被逐渐淘汰，其遗传进度非常缓慢。如果在轮回群体中诱导产生 DH 系，对改变群体的基因频率更为有效。由于 DH 系的表现型和基因型一致，因此由当选 DH 系组成的新群体将会获得更大遗传进展。④用于突变体的筛选。育种的实质是创造出有利的突变体，将其培育成新品种。由于基因突变的频率很低，有时发生隐性突变从植株上不能直接表现出来，需要加大种植规模。如果结合单倍体技术，突变体鉴定时间可以大大缩短。因为在单倍体植株的表现型中不存在隐性基因被显性基因掩盖的现象，其显性突变或隐性突变都会在当代表现出来，所以发现和选择隐性突变体就容易得多，这样获得有利突变体的速度可大大加快，同时可加速形成稳定遗传的纯系。⑤用于数量性状的 QTL 定位。作物育种过程中选择的大多数目标性状为数量性状，它们受多基因控制，同时也受环境等因素影响。对这些数量性状进行遗传研究时，常常需要构建遗传作图群体。在常用的作图群体中，DH 群体可以稳定繁殖，长期使用，是一种永久性群体，可以在不同的环境中生长，既能提高 QTL 定位的准确性，又能揭示 QTL 与环境的相互作用。利用 DH 群体与双亲构建的回交群体，还可扩大 DH 群体中株系基因型从纯合到杂合。

五、玉米单倍体育种中的其他问题

在单倍体的诱导过程中，获得大量单倍体的关键是要保证杂交成功，因此需要注意以下5个因素。

1. 错期种植

由于父母本生育期的差异，播期的选择是保证花期相遇的关键，因此需要在对诱导基础材料和孤雌生殖诱导系生育期详细了解的基础上合理种植材料，以保证授粉。玉米花丝的生活力比较强，一般在吐丝后 6 天花丝仍能保证较好的结实率，但是很多材料若吐丝超过 8 天仍未能授粉，花丝活力急剧降低，造成结实率很低或者不能结实。‘RWS、’‘UH400’、‘农大高诱 1 号’、‘高诱 5 号’等孤雌生殖诱导系的生育期都比较短，一般要晚播 7～10 天；‘CAUH3’等新选诱导系熟期较晚，可以同期播种。为了保险起见，可将诱导系分两期种植，分别晚播 3～5 天及 8～10 天。而对于一些早熟材料的诱导系，则可同期播种。

2. 诱导环境的选择

规模化诱导需要有大量的花粉，因此需要对孤雌生殖诱导系的种植地点和季节慎重考虑。例如，有的孤雌生殖诱导系在北京春播条件下农艺性状较好，散粉性也很好；而夏播往往表现较差，甚至出现不能散粉的情况。但是不同的孤雌生殖诱导系习性不同，需要小规模试种，了解其特性，根据其特点制定出合适的计划。诱导地点不仅对孤雌生殖诱导系的散粉性影响很大，而且对单倍体诱导率也有重要影响。因此在商业化育种中，选择适合单倍体诱导的稳定环境从而实现单倍体诱导的基地化很有必要。

3. 授粉方式

单倍体诱导可分为人工授粉和自然授粉两种方式。人工授粉是指吐丝期通过人工方式进行授粉并套袋；自然授粉则是在吐丝期对母本进行去雄进行开放授粉。目前人工授粉比较普遍，优点在于无需隔离，孤雌生殖诱导系种子的用量少；缺点在于需要花费一定的劳动力，不适合大规模诱导。自然授粉的优点在于节省劳动力，适合大规模诱导；缺点在于需要种植在隔离区，需要合理的错期及田间种植规划，且所需的孤雌生殖诱导系种子量较大。

4. 田间种植规划

母本材料对诱导率的影响也很大，因此需要根据所获得单倍体数量来规划田间种植，重要的材料可多种植，假设诱导率为 5%，每个果穗 300 粒，单倍体加倍率为 10%，要想获得 50 个 DH 系，则需要至少种植 35 株。总之，需要根据不同的育种策略及材料来安排田间种植，以达到效率的最优化。

5. 孤雌生殖诱导系的繁育

一般而言，诱导率越高的孤雌生殖诱导系其结实性往往较差，因此孤雌生殖诱导系种子的繁育是一个问题。不同孤雌生殖诱导系都有适合其自身容易繁殖的环境。通过多年的实践，中国农业大学陈绍江等发现海南冬季比较适合孤雌生殖诱导系种子的繁殖，这可能与海南气候湿润，温度适中，无高温天气，且昼夜温差较大，有利于籽粒有机物的积累有关。

另外，在生产上还发现了孤雌生殖诱导系的退化现象，也就是说一个诱导率比较高的孤雌生殖诱导系在连续多代扩繁之后诱导率有可能会降低。这可能是由于携带有诱导基因的花粉传递效率低，在自交过程中被外界常规花粉污染，非孤雌生殖诱导基因在后代群体中所占比例将会不断增高，最终造成诱导系退化，也有可能是其他原因导致诱导退化。因此，在孤雌生殖诱导系繁育过程中，不断采取严格的自交或姊妹交等方法，并不断进行单株测验以提纯。

六、玉米单倍体育种程序

目前，国内外所采用的玉米单倍体育种程序如图 7-5 和图 7-6 所示。

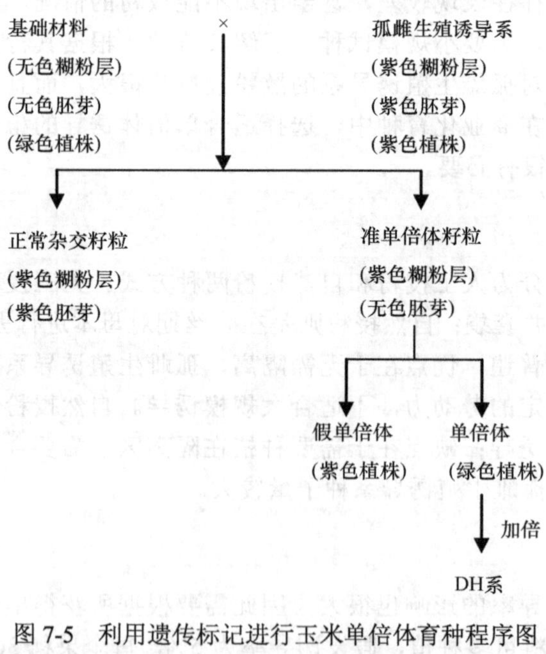

图 7-5 利用遗传标记进行玉米单倍体育种程序图

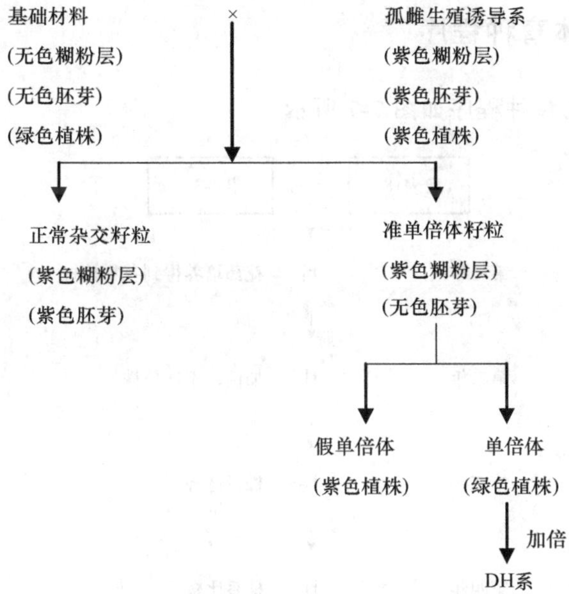

图 7-6　利用高油孤雌生殖诱导系进行玉米单倍体育种程序图

第三节　小麦单倍体育种——‘花培 5 号’的选育

河南省农业科学研究院为了选育适合黄淮南片麦区大面积种植的高产小麦品种，分析了该地区的生态栽培条件，制定了小麦高产优质育种目标。根据育种目标，选用‘豫麦 18’为母本，‘花 4-3’为父本进行有性杂交，利用其 F_1 进行花药培养诱导出单倍体花粉植株，经染色体加倍选育成国审小麦新品种‘花培 5 号’。其参加国家黄淮南片区域试验及生产试验产量均获第一，具有分蘖力强、抗寒、抗旱和抗病性好、成穗数多、千粒重较高、高产、稳产且适应性广等优点，区域试验混合样籽粒品质指标均超过国审中筋麦标准，具有较广阔的推广前景。

一、育种目标

根据河南省及黄淮麦区小麦生产状况、生态条件，育种目标确定为选育高产、稳产、适应性广的小麦新品种。产量构成以中间偏多穗型为主，发育特性以中早熟类型为主，抗寒性强，适播期长，春季生长稳健，抗倒春寒能力较强，后期灌浆速度快，综合抗病性强，适应性广，籽粒商品性好，品质以中筋为主。

二、小麦单倍体育种程序

小麦单倍体的育种程序如图 7-7 所示。

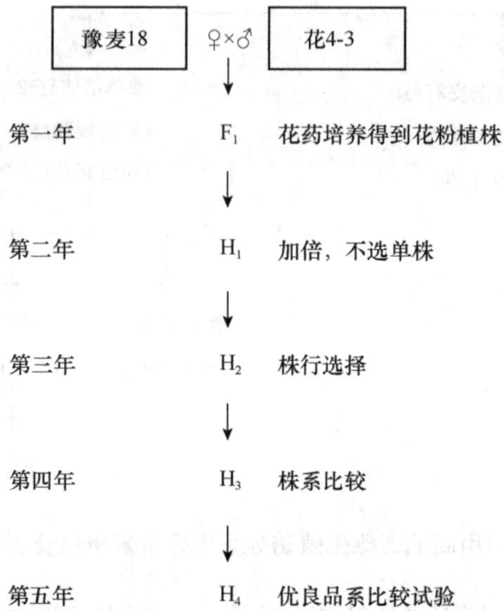

图 7-7 小麦单倍体育种程序

在进行小麦单倍体育种时，首先根据育种目标选择合适的亲本材料配置杂交组合，获得杂交种子（F_1）。同年秋天种植 F_1，于第二年春季选 F_1 中花粉发育至单核中晚期的花药接种，经过花药培养，获得花粉植株。花粉植株田间自然加倍或用秋水仙碱诱导加倍形成 H_1 植株，H_1 是分离世代，由于是试管苗移栽，生长的环境与自然环境有很大的差别，个体生长不良，性状表现不明显，一般不进行单株选择，H_1 单株收获。当年秋天播种 H_2 株行。第三年再进行株行选择。入选株行于第四年进行株系比较，选择表现优良的、符合育种目标的株系升级进行产量比较试验（图 7-7）。

三、'花培 5 号'的选育过程

1. 花药培养

1999 年配制杂交组合：'豫麦 18'×'花 4-3'，组合号'9920'，1999 年播种于郑州河南省农业科学研究院试验田；2000 年春季选 F_1 中花粉发育至单核中晚期的花药接种。经过花药接种、愈伤组织诱导、绿苗分化、壮苗培养、越夏、移栽大田、田间自然加倍，该组合共接种 F_1 花药 5080 枚，转愈伤组织 1189 块，诱导绿苗 469 丛。其愈伤诱导率、绿苗分化率、加倍率分别达到 23.6%、39.4%和 53.7%，远远高于平均水平，为‘花培 5 号’的选育提供了一个较大的育种群体。

目前河南省农业科学研究院小麦所一般每年接种花药 20 万枚左右，年际间及组合间的愈伤诱导率、绿苗分化率和花粉植株加倍率差异较大。据近 10 年统计，年平均愈伤诱导率为 3%左右，绿苗率为 22%左右，加倍率为 23%上下。

2. 大田选择

‘9920’组合共获得 469 株绿苗，全部移栽大田，种成 H_1。H_1 是分离世代，由于是试管苗移栽，生长的环境与自然环境有很大的差别，个体生长不良，性状表现不明显，因此不进行单株选择。经田间自然加倍，该组合共获得 252 个单株。下年全部种植 H_2 株行。H_2 已是稳定纯系，性状表达充分，对一些遗传力较高的性状，如冬春性、抗病性、株叶型、株高、穗长、籽粒颜色等要进行严格选择。选择的目标性状为：冬季及早春幼苗生长稳健，抗冬季冻害和早春倒春寒，分蘖适中，茎秆坚硬，弹性好，株高 80cm 左右，根系发达且活力长，耐后期干旱和高温，叶片不早衰，抗（耐）条锈病、白粉病、纹枯病等主要病害。其中‘9920H-48-1’表现突出，中选，株行种子全部收获，得到 DH 系种子约 1kg。H_3 分别在郑州市和偃师市两地进行产量比较试验，同时进行 133.3m^2 的大区对比试验。2003 年参加国家黄淮南片春水组预备试验。2004～2006 年参加国家黄淮南片春水组区域试验和生产试验。2006 年通过农业部国家农作物品种审定委员会审定，定名为‘花培 5 号’，并获得新品种权保护。‘花培 5 号’的选育从组合组配到品种审定仅用了 7 年时间，充分体现了花培育种年限短的特点。

3.‘花培 5 号’的主要特点

1）农艺性状优良。‘花培 5 号’属弱春偏半冬性多穗型品种，半直立，苗势壮，叶色浓绿，兼具半冬性品种抗寒性好和弱春性品种耐迟播的双重优点。该品种分蘖力强，成穗率高，亩成穗多。株高 78cm 左右，抗倒伏性中等。茎秆较细，叶片较小，长相清秀，穗色黄亮，穗长度中等偏小，不育小穗数少，结实性较好。

2）高产且适应性广。2004～2005 年度参加国家黄淮春水组区试，14 点汇总，14 点增产，平均单产 7818.3kg/hm^2，最高单产 9308.25kg/hm^2，比对照‘豫麦 18-64’增产 16%，达极显著水平，居 10 个参试品种第一位；2005～2006 年度参加国家黄淮春水组区试，16 点汇总，14 点增产，平均单产 7927.5kg/hm^2，比对照‘豫麦 18-64’

增产 5.66%，达极显著水平；同年参加国家黄淮生产试验春水组，14 点汇总，12 点增产，平均单产 7207.5kg/hm^2，比对照‘豫麦 18-64’增产 7.52%，居春水组第一位。

3）产量构成三要素协调，稳产性好。‘花培 5 号’穗层厚，成穗数较多，一般在 640～705 万穗/hm^2，穗粒数一般在 30 粒上下，千粒重较高，一般在 40～42g。产量构成三要素较为协调，对外界环境条件的缓冲能力较强，适合在大面积生产水平下种植。从两年多点的区域试验及生产试验来看，‘花培 5 号’的成穗数、成穗率、穗粒数和千粒重较稳定，有较好的自我调节能力。2004～2005 年度，在小麦生育中后期雨水较多，多数品种穗粒数和千粒重降低的情况下，‘花培 5 号’成穗数增加，千粒重稳定，产量比对照增产达极显著水平。

4）综合抗逆性好。2004～2005 年度国家冬小麦区域试验品种抗病性接种鉴定结果：高抗条锈病、赤霉病、秆锈病，中抗纹枯病，大田生产基本不发病。抗寒性较好，在 2004 年冬季–16℃的低温条件下，许多品种遭遇严重冻害，‘花培 5 号’在黄淮 5 省区所有区试点均表现出很好的抗寒性；2007 年 3 月初的倒春寒使经历了暖冬的部分品种遭遇大面积冻害，‘花培 5 号’在河南、安徽、江苏的大面积示范田中生长发育正常，没有发生冻害。同时该品种根系活力强，叶片功能期长，耐后期高温，落黄特好，具有较好的抗旱、抗干热风能力。

5）品质优良，籽粒商品性好。籽粒卵圆形，半硬质，饱满度较好，千粒重稳定，黑胚率低，容重高，光泽润亮，商品外观好。馒头、面条品质测试：面条评分 85.5 分，馒头评分 82.5 分，是一个优质的面条、馒头用粉兼用品种。

主要参考文献

陈绍江，黎亮，李浩川. 2009. 玉米单倍体育种技术. 北京：中国农业大学出版社.

陈绍江，宋同明. 2003. 利用高油分的花粉直感效应鉴别玉米单倍体. 作物学报. 29 (4): 87-90.

康明辉，海燕，达龙珠，等. 2009. 国审小麦新品种“花培 5 号”的选育及其特征特性. 中国农学通报, 25(17): 98-101.

刘庆昌. 2015. 遗传学. 北京：科学出版社.

孙其信. 2011. 作物育种学. 北京：高等教育出版社.

张天真. 2003. 作物育种学概论. 北京：中国农业出版社.

Kasha K J. 1974. Haploids in Higher Plants: Advances and Potential. Guelph: Univ. of Guelph.

Kihara H, Tsunewaki K. 1962. Use of an alien cytoplasm as a new method of producing haploids. Japanese Journal of Genetics. 37(4): 310-316.

第八章　远缘杂交的理论基础及其育种案例分析

远缘杂交（wide cross 或 distant hybridization）指的是亲缘关系较远的植物类型之间的杂交。通常是指不同种（species）、属（genus）甚至科间，也包括栽培植物与野生植物间或亲缘关系更远的植物类型间所进行的杂交，所产生的杂种称为远缘杂种。

第一节　远缘杂交的理论基础

通过远缘杂交新合成的物种，按其染色体的组成可分为两类：一类是完全异源双二倍体，另一类是不完全异源双二倍体。除此之外，远缘杂交后代中还可出现异染色质体系，包括异附加系、异代换系、异易位系等。

一、完全异源双二倍体

完全异源双二倍体是指由两个亲本，两套来源和性质不同的染色体组结合而形成的新物种，其染色体数目为双亲染色体的总和，如六倍体小黑麦是由四倍体小麦和二倍体黑麦合成的新物种；八倍体小黑麦是由六倍体小麦和二倍体黑麦合成的新物种等，合成过程如图 8-1 所示。它们既具有小麦的高产性，又具有黑麦的抗病性、抗逆性和适应性，已在不少国家推广。

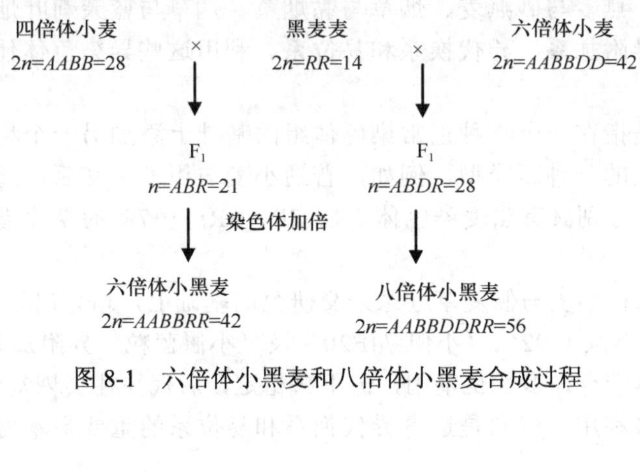

图 8-1　六倍体小黑麦和八倍体小黑麦合成过程

二、不完全异源双二倍体

不完全异源双二倍体是由双亲的一部分染色体组结合而成的新物种，如八倍体小偃麦是通过六倍体普通小麦（$2n=AABBDD=42$）和六倍体中间偃麦草（*Thinopyron intermedium*，$2n=6x=42=E_1E_1E_2E_2StSt$）杂交后，经多次与普通小麦回交，将六倍体中间偃麦草中的一个染色体组与普通小麦的三个染色体组结合而成的（$2n$=AABBDDE_1E_1或AABBDDStSt=56），如'远中$_2$'、'远中$_3$'、'远中$_4$'、'远中$_5$'、'小偃78829'、'山农TE183'、'山农TE185'、'山农TE188'、'山农TE198'、'山农TE256'、'山农TE347'等。在不完全异源双二倍体中，还有一类是由双亲之一的两个染色体组合成一个新的染色体组（synthetic genome）与另一个亲本的染色体组结合而成的，如八倍体小偃麦'TAF46'是由中间偃麦草的两个染色体组E_1和St合成一个新的染色体组（1E_1、2St、3E_1、4St、5E_1、6St和7E_1）与普通小麦的三个染色体组结合而成的。

完全异源双二倍体和不完全异源双二倍体均不能在生产上直接利用，需加以改良。

三、异染色体体系

通过远缘杂交，导入异源染色体或其片段，可创造出异附加系（alien addition line）、异代换系（alien substitution line）和易位系（translocation line）等异染色体体系（alien chromosomal system）。目前，已在小麦与黑麦、小麦与偃麦草、小麦与山羊草、小麦与簇毛麦、小麦与冰草、小麦与新麦草、水稻与高粱、水稻与狼尾草、水稻与药用野生稻、玉米与摩擦禾、玉米与类玉米属、油菜与白芥、油菜与萝卜、陆地棉与非洲异常棉、陆地棉与阿拉伯棉、高粱与苏丹草、高粱与甘蔗、谷子与狗尾草、燕麦与砂燕麦、烟草与黏烟草、烟草与蓝茉莉叶烟草等的远缘杂交中，获得了异附加系、异代换系和易位系。利用这些异染色体体系，可以改良现有品种。

异附加系是指在一个物种正常染色体组的基础上添加另一个物种的一对或两对染色体而形成的一种新类型。例如，普通小麦与黑麦杂交后，通过回交与细胞学筛选，获得了分别具有黑麦染色体1R、2R、3R……7R的7个普通小麦的黑麦异附加系。

我国科学家在小麦与偃麦草远缘杂交研究的基础上，培育出了'小偃759'、'小偃7231'、'小偃1192'、'小偃74E20'及'小偃蓝粒'异附加系等。

附加染色体带有许多优良基因，但不够稳定，后代往往会恢复到二倍体状态，生产上不能直接利用，但它是选育异代换系和易位系的重要亲本材料，并可作为一种特殊材料在植物杂种优势利用中发挥作用。

异代换系是指某物种的一对或几对染色体被另一物种的一对或几对染色体所取代而形成的新类型。例如，在小麦异代换系中，异源染色体与被代换的染色体在功能上有相似性，或者说它们可能由同一原始祖先的同一染色体进化而来。因此，外源染色体与被代换的染色体补偿较好，在细胞学和遗传学上都比相应的异附加系稳定。所以，有的异代换系可以在生产上直接应用。例如，小麦-偃麦草异代换系‘Weique’就曾在德国种植过。

大部分异代换系由于外源染色体携带有不利基因或补偿能力差等，不能直接用于生产。但是通过杂交或诱变处理，异代换系较容易产生易位，将外源优良基因转移到栽培作物中，从而选育出具有外源优良基因的栽培作物新品种。

我国在异代换系研究方面，主要集中在小麦异代换系上，已经得到了小麦-黑麦 4D（4R）、1B（1R）、1D（1R）、6D（6R）等异代换系；小麦-簇毛麦 V2、V3、V5、V6、V7 二体异代换系，V6、V7、V2 和 V7 双重异代换系，V2、V6 和 V7 三重异代换系，$2n>42$ 的异代换-附加系；小麦-十倍体长穗偃麦草 4D（4E）、4D（4F）异代换系；小麦-中间偃麦草 1D、2D、3D、4D、5D、6A、7B 异代换系；小麦-山羊草 4D（4S′）异代换系等。

易位系是指某物种的一段染色体和另一物种的相应染色体片段发生交换后，基因连锁群也随之发生改变而产生的新类型。在小麦的易位系创制研究方面成果最多。例如，用 X 射线照射方法，Sears 创造了抗叶锈病的易位系‘Transfer’；Kontt 等获得了抗秆锈病易位系；Smith 和 Sebesta 选育出具有高度抗性的种质‘Amigo’。李振声等用照射种子的方法，创造了带有标记性状的蓝粒单体小麦；陈佩度等育成含有 *Pm21* 抗白粉病基因的小麦-簇毛麦 6VS / 6AL 易位系。

利用染色体易位可以将携带有利基因的外源染色体小片段转移给栽培品种，育出更多的优良新品种。所以，染色体易位是远缘杂交育种中最重要的部分，也是培育远缘杂交品种最关键的部分。目前，国内外在生产中大面积推广应用的小麦远缘杂交品种大部分都是易位系品种。例如，利用小麦-黑麦 1B/1R 等易位系培育的小麦品种是世界第一大小麦远缘杂交品种，小麦-偃麦草（包括长穗偃麦草、中间偃麦草等）易位系是第二大小麦远缘杂交品种（主要在我国），小麦-山羊草（包括顶芒山羊草、高大山羊草、伞状山羊草、偏凸山羊草等）易位系在其他国家有一定的种植面积。

四、单倍体

虽远缘花粉在异种母本上常不能正常授粉，但有时能刺激母本的卵细胞自行分裂，诱导孤雌生殖，产生母本单倍体。例如，利用普通大麦（*H.vulgare*）与球茎大麦（*H.bulbosum*）杂交，可获得大麦单倍体；利用普通小麦与玉米杂交，可获得小麦单倍体等。到目前为止，通过远缘杂交已在21个物种中成功地诱导出孤雌生殖的单倍体。所以，远缘杂交也是倍性育种的重要手段之一。

五、雄性不育材料

远缘杂交是当前创造雄性不育系的主要方法。由于不同物种间遗传差异大，导致核质之间有一定分化。如果将一个具有不育细胞质 S（*MsMs*）的物种和一个具有核不育基因 F（*msms*）的物种杂交，并连续回交进行核置换，便可将不育的细胞质和不育核基因结合在一起，获得雄性不育系 S（*msms*），为在生产上利用杂种优势创造材料。小麦 T 型细胞质雄性不育系就是通过远缘杂交和连续回交，把普通小麦的核移入提莫菲维小麦的细胞质中育成的。我国籼型水稻雄性不育系是用花粉败育型的野生稻为母本、栽培稻为父本，经远缘杂交和连续回交育成的。

随着生物技术的发展和在品种间杂交难以完全满足育种目标要求的情况下，远缘杂交可以解决近缘杂交所不易解决的特殊问题。因此，远缘杂交愈来愈被育种家重视和广泛利用，并成为各项育种技术相互渗透的结合点。例如，栽培品种与野生植物间的基因重组、倍性育种、诱发染色体易位、杂种优势利用、核质杂种及遗传工程等研究领域，都有远缘杂交参与，并取得了较大的进展。实践证明：要使育种工作有所突破，必须打破种间界限。通过远缘杂交，可充分利用野生资源所蕴藏的、独特的特征特性，扩大基因重组和染色体间相互关系的范围，创造出更丰富的变异。

第二节 小黑麦的选育

小黑麦是由小麦和黑麦经人工杂交、染色体加倍而育成的属间杂种。它的遗传组成既不同于小麦，又不同于黑麦，因而是小麦族中的一个新物种。

小黑麦的培育

根据染色体组的倍性和组成，小黑麦分为十倍体小黑麦（AABBDDRRRR）、八倍体小黑麦（AABBDDRR）、六倍体小黑麦（AABBRR）和四倍体小黑麦（AARR），它们的染色体数目和组成都不相同。其中，十倍体小黑麦和四倍体小黑麦在生产上没有应用；六倍体小黑麦和八倍体小黑麦研究和应用得较多。

根据育种和用途，小黑麦又可以分为初级小黑麦（primary triticale）、次级小黑麦（secondary triticale）和代换性小黑麦（substituted triticale）。

（1）初级小黑麦

初级小黑麦是小麦和黑麦经杂交及染色体加倍直接形成的小黑麦。初级小黑麦包括四倍体小黑麦、六倍体小黑麦和八倍体小黑麦，又称原始小黑麦。关于小黑麦不同类型的遗传组成和生产应用情况见表 8-1。

表 8-1　小黑麦类型及其遗传组成（孙元枢，2002）

类型		染色体组	染色体数	生产应用
初级小黑麦	四倍体小黑麦	ABRR	28	无
	六倍体小黑麦	AABBRR	42	有
	八倍体小黑麦	AABBDDRR	56	有
	十倍体小黑麦	AABBDDRRRR	70	无
次级小黑麦	六倍体小黑麦	AABBRR	42	有
	八倍体小黑麦	AABBDDRR	56	有
代换性小黑麦	小麦黑麦异附加系	AABBDD（RR）	44	无
	小麦黑麦异代换系	AABBDD（RR）	42	有
	小麦黑麦易位系	（AABBDD）	42	有

注：小麦黑麦异附加系为 1～7 对染色体发生附加；小麦黑麦异代换系为 1～7 对染色体发生代换；小麦-黑麦易位系为小麦某对染色体与黑麦染色体发生了易位

初级小黑麦是小麦和黑麦通过杂交及染色体加倍而成的，没有经过任何选择和改良，其中小麦的 ABD 染色体组和黑麦的 R 染色体组不协调，所以初级小黑麦花粉母细胞减数分裂不正常，往往形成单价体和微核，造成结实率降低和种子不饱满。尽管初级小黑麦有穗大、粒多、抗病、抗逆、适应性广等优良性状，但结实率低和饱满度差的特点限制了它在生产上的应用，因而初级小黑麦只能作育种的亲本和原始材料。自 20 世纪 50～80 年代，我国通过染色体加倍共制造了上万份小黑麦原始品系，但没有一个原始品系能直接应用于生产。

（2）次级小黑麦

初级小黑麦经过杂交改良，结实率和饱满度达到正规标准的小黑麦品系称为次级小黑麦。初级小黑麦平均结实率和饱满度虽然很差，但不同品系间的结实率差异还是很大的（20%～90%），其中结实率接近正常小麦的品系只占 2.5%，且可长期遗传下去。中国农业科学院从 20 世纪 50～70 年代开始用各种八倍体小黑麦原始品系配制了数千个杂交组合，经过多年选择，于 1978 年选育出‘小黑麦 1 号’～‘小黑麦 4 号’等新品种并在生产上试验推广，其结实率达到 70%～90%，饱满度达到 3 级，比它们的亲本品系大有提高。

目前世界上主要的小黑麦品种是由次级小黑麦培育成的，如加拿大的‘Rosner’、

‘Carman’，CIMMYT 的‘Beagle’、‘Juanillo’和波兰的‘Lasko’，以及我国推广的‘小黑麦 1 号’～‘小黑麦 3 号’、‘中新 830’、‘中饲 237’等，都是通过杂交方式改进初级小黑麦后选育出来的次生小黑麦类型。

（3）代换性小黑麦

一对或若干对黑麦染色体被小麦的染色体代换的小黑麦称为代换性小黑麦。由于染色体的代换，不但可以引入新的性状，而且可以去掉黑麦的不利基因。代换性小黑麦的出现对小黑麦育种有很大的影响和作用。从某种程度上说，它为小黑麦的育种开拓了一个新途径。‘阿玛迪罗（Armadillo）’是由一个六倍体小黑麦和一个矮秆普通小麦天然杂交而来的六倍体小黑麦品种，具有结实率高、矮秆、对日照长度不敏感、早熟抗病、产量高、营养品质好、遗传力强等优良特性。在 20 世纪 70 年代，‘阿玛迪罗’在 CIMMYT 的六倍体小黑麦育种工作中起了重要的作用。细胞遗传研究发现，‘阿玛迪罗’中黑麦第二对染色体 2R 代换了小麦 D 组的第二对染色体 2D，而 2R 染色体上带有对日照长度反应不敏感的基因和矮秆基因等。吉姆萨（Giemsa）染色体分带结果表明，CIMMYT 选育的 48 个小黑麦品系的染色体组成如图 8-2 所示。

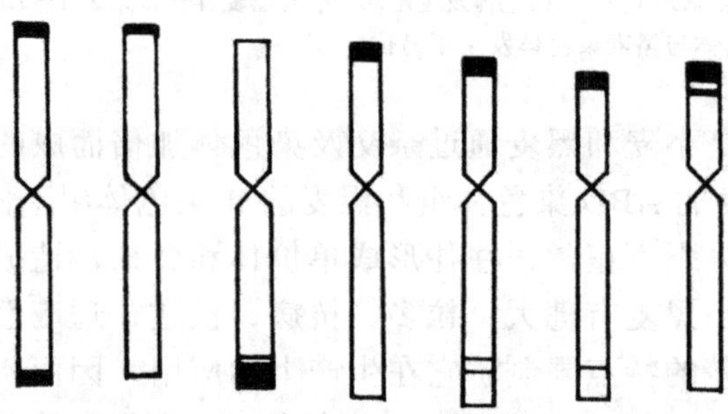

	A	B	C	D	E	F	G
7	+	+	+	+	+	+	+
6		+	+	+	+	+	+
5		+	+		+	+	+
4a		+			+	+	+
4b			+		+	+	+
4c		+	+		+		+
3a	+				+		+
3b			+		+		+
2					+		+
1					+		

图 8-2　六倍体小黑麦中黑麦与小麦染色体代换类型（引自孙元枢，2002）

A～G 表示 7 对黑麦染色体；1～7 表示黑麦染色体代换的对数；a、b、c 分别表示不同组合的 4 条染色体

小黑麦是应用多倍体育种和染色体工程方法人工创造的新物种。小黑麦综合了小麦的高产和优良烘烤品质及黑麦的抗病、抗寒、抗逆性强和营养品质好的优良性状，是适合我国广大地区种植的较省肥的稳产新作物。小黑麦还可为调整农业结构、发展养殖业、提高土地利用率、提高农民收入，提供一个有力的粮食饲料和多种用途的新作物。

第三节　小麦-簇毛麦6VS/6AL易位系在小麦育种中的应用

在作物品种演化过程中，随着作物生产的集约化和现代化，栽培作物的遗传基础日趋狭窄。作物品种资源贫乏已经成为作物育种取得突破性进展的主要瓶颈。要使作物品种改良有突破性进展，迫切需要从古老栽培种、野生供体种和亲缘物种中搜集、发掘、转移具有突出潜在利用价值的基因资源。从具有与栽培作物品种相同染色体组的物种中转移目标基因，可以通过有性杂交、染色体交换和基因重组来实现。从亲缘关系稍远的携有部分同源染色体组的亲缘物种中转移目标基因，需通过采用远缘杂交（有性或无性）、染色体操作等方法创造双倍体、异附加系、异代换系和易位系的途径来实现。由于外源染色体与受体染色体在通常情况下不发生配对、交换和重组，整条外源染色体的导入不可避免地会带入一些不利的多余基因，因此异附加系和异代换系在作物育种中难于直接利用，选育和应用携有亲缘种属突出优异基因的小麦与亲缘种属的染色体易位系（尤其是小片段易位系）是作物育种取得突破性进展的有效途径。

簇毛麦是原产地中海沿岸的小麦亲缘植物（*Haynaldia villosa*，*Dasypyrum villosum*，$2n$=14，染色体组VV），具有抗锈病、白粉病、全蚀病、眼斑病等特性，还具有耐寒、耐旱、籽粒蛋白质含量高等优良性状。南京农业大学刘大钧、陈佩度等自20世纪70年代中期开始开展了将簇毛麦优异种质转入普通小麦的研究，获得了二倍体小麦、四倍体小麦和六倍体小麦分别与簇毛麦杂交的远缘杂种，获得了由不减数雌、雄配子融合产生的硬粒小麦-簇毛麦双二倍体，并将簇毛麦的抗白粉病基因定位在6V染色体短臂上。

在获得抗白粉病的硬粒小麦-簇毛麦双二倍体、异附加系和异代换系的基础上，南京农业大学陈佩度等以6V二体异附加系和6V（6A）二体异代换系与农艺性状较好的普通小麦杂交，F_1分别为单体异附加系和单体异代换系，将含有整条6V染色体的株系再进行辐射处理，诱导簇毛麦与小麦染色体之间易位。1991年，从M_3中选出了数十个抗白粉病株系；1992年，以簇毛麦基因组DNA为探针，进行分子原位杂交，从中鉴定出抗白粉病的6VS/6AL整臂易位系（当年编号分别为‘92R89’、‘92R90’、‘92R137’、‘92R139’、‘92R141’、‘92R143’、‘92R149’、‘92R171’和‘92R178’等，它们均含有一对6VS/6AL易位染色体，在株高、穗子大小等农艺性状上略有差异）。经四川省农业科学院植物保护所、西北农林科技大学和中国农业科学研究院植物保护所等单位连续多年鉴定，‘92R’系列小麦-簇毛麦 6VS/6AL 易位系不仅高抗白粉病，而且高抗条锈病。经进一步研究发现，抗条锈病基因与抗白粉病基因不连锁，来自簇毛麦的抗白粉病基因（*Pm21*）位于易位染色体 6V 短臂中部，抗条锈病基因（*Yr26*）位于 1B 染色体近着丝粒处，推测抗条锈病基因来自与簇毛麦杂交的原初小麦亲本圆锥小麦‘γ-80-1’。自 1993 年起，这批‘92R’系列小麦-簇毛麦 6VS/6AL 易位系被国内 50 多个小麦育种单位利用，选育了包括‘南农 9918’、‘扬麦 18’、‘内麦 8 号’～‘内麦 11’、‘内麦 836’、‘内麦 316’、‘蜀麦 375’、‘蜀麦 482’、‘川麦 54’、‘石麦 14’、‘石麦 15’、‘金禾 9123’、‘中育 9 号’、‘远丰 175’、‘中梁 29’、‘兰天 17 号’、‘兰天 24 号’、‘云麦 52’和‘云杂 5 号’在内的 20 多个抗白粉病小麦品种（部分品种系谱和审定年份见表 8-2）。

表 8-2　以小麦-簇毛麦 6VS/6AL 易位系作亲本已通过审定的品种

品种名称	选育单位	审定年份	审定编号	系谱
南农 9918	南京农业大学	2002	苏审麦 200204	（扬 158×92R137）×扬 158
扬麦 18	江苏省里下河地区农业科学研究所	2008 2009	皖麦 2008001 苏审麦 200901	宁麦 9 号×［扬 158×（88-128×南农 P045）］
石麦 14	石家庄市农业科学研究院	2004	冀审麦 2004005 号	（石 4185×92R137）×石 4185^4
石麦 15	石家庄市农业科学研究院	2005 2007 2007	冀审麦 2005003 号 冀审麦 2007009 号 国审麦 2007017 国审麦 2009025	（冀麦 38×92R137）×冀麦 38^4
金禾 9123	河北省农业科学院	2008	国审麦 2008012	（石 4185×92R137）×石 4185^5
中育 9 号	中国农业科学院棉花研究所	2004	豫审麦 2004020 号	豫麦 21×92R139
远丰 175	西北农林科技大学	2005	陕审麦 2005006	[92R149×咸 87（30）]×小偃 6 号
内麦 8 号	四川省内江市农业科学研究所	2003	川审麦 2003 003	绵阳 26×92R178
内麦 9 号	四川省内江市农业科学研究所	2004 2006	川审麦 2004 005 国审麦 2006001	绵阳 26×92R178
内麦 10 号	四川省内江市农业科学研究所	2004	川审麦 2004 008	绵阳 26×92R178
内麦 11	四川省内江市农业科学研究所	2007	川审麦 2007 002	品 5×94-7
内麦 836	四川省内江市农业科学研究所	2008	国审麦 2008001	5680×92R133
川麦 54	四川省农业科学院	2009	川审麦 2009 008	（92R171×98 间 335）×DH1523
蜀麦 375	四川农业大学	2007	川审麦 2007 005	（绵阳 93-7×94R141）×绵阳 96-324

续表

品种名称	选育单位	审定年份	审定编号	系谱
蜀麦 482	四川农业大学	2008	川审麦 2008 004	（绵阳 93-7×94R141）×绵阳 96-324
云麦 52	云南省农业科学院	2007	滇审小麦 200704 号	92R149×963-11185
云杂 5 号	云南省农业科学院	2004	滇审小麦 200401 号	K78S×云麦 52
兰天 17 号	甘肃省天水农业学校	2005	甘审麦 2005011	92R137×兰天 6 号
兰天 24 号	兰州商学院小麦研究所	2009	甘审麦 2009014	92R137×87-121
中梁 29	甘肃省天水农业科学研究所	2009	甘审麦 2009013	92R137×938-4

分析这些品种的系谱和选育过程可以看出，大多数品种是通过将小麦-簇毛麦 6VS/6AL 易位系作亲本之一，与当地推广品种（如‘石麦 4185’、‘绵阳 26’、‘扬麦 158’）杂交、再与其回交 1 次到多次，或者用 F_1 再与另一个当地新品系或新品种杂交，经连续多年多点抗病性鉴定、综合农艺性状选择、产量和适应性试验选育出来的。为加速育种进程，普遍采用异地夏繁或温室加代，病害人工接种诱发鉴定后选抗病株回交，高代品系多年多点大群体鉴定等方法，因而选育的新品种（系）抗性突出、丰产性和适应性好。在育种实践中，育种家还发现，在以春性和弱冬性品种为主的长江中下游麦区、西南麦区，与当地品种（系）杂交、回交 1～2 代后或在三交的后代中，可选出兼抗白粉病、条锈病，且综合丰产性和适应性较好的品种（如‘内麦 8 号’～‘内麦 11’、‘南农 9918’、‘扬麦 18’等）；但在生态类型差异较大的以冬性品种为主的黄淮冬麦区，常常需要与当地品种（系）杂交多次或回交多代才能选出适合当地的高抗、丰产、优质新品种（如‘石麦 14’、‘石麦 15’、‘全禾 9123’、‘远中 175’等）。

由于外源基因常以显性或上位性方式遗传，在回交选育过程中，只要严格选用抗病株回交，目标性状不易丢失。云南省农业科学院在选出双抗高产品种‘云麦 52’后，还利用它作恢复系与温光敏型“两系”核不育系配制杂交小麦，选育出高产、多抗的“两系”杂交小麦‘云杂 5 号’。

6VS/6AL 易位是补偿性易位，在纯合的 6VS/6AL 易位系中，易位染色体表现出稳定性较好且传递力基本正常。但在它与正常普通小麦的杂种 F_1 中（即杂合易位），含有易位染色体的雌、雄配子的传递率比不含外源染色体片段的正常雌、雄配子的传递率要低，因此在良种繁育和种子生产过程中，对表现感病的少数株系和植株要注意剔除，以保证外源抗性的稳定遗传和长时间利用。

为更加快速、有效地利用小麦亲缘种属中的优异基因资源，需进一步创造外源小片段中间插入易位系，并将它们与各生态麦区的主栽品种、骨干亲本、有苗头的新品系进行“滚动回交”，创制出更便于各育种单位利用的“育种元件”。

主要参考文献

李振声. 1985. 小麦远缘杂交. 北京：科学出版社.
刘庆昌. 2015. 遗传学. 北京：科学出版社.
孙其信. 2011. 作物育种学. 北京：高等教育出版社.
孙元枢. 2002. 中国小黑麦遗传育种研究与应用. 杭州：浙江科学技术出版社.
张天真. 2003. 作物育种学概论. 北京：中国农业出版社.
Tsen C C. 1974. Triticale: First manmade cereal. Minnesota: Am. Asso. Cereal Chemists, Inc.

第九章　分子生物学技术及其育种案例分析

分子生物学技术（biotechnology）也称生物工程，是指应用生命科学研究成果，以人们意志来设计，对生物或生物的成分进行改造和利用的技术，包括基因工程、细胞工程、发酵工程和酶工程等。现代分子生物学技术已发展到高通量组学（omics）芯片技术、基因与基因组人工设计与合成等系统生物技术。到目前为止，应用于作物育种的分子生物学技术主要有细胞工程、基因工程和分子标记辅助选择。

第一节　分子生物学技术辅助育种的理论基础

无论是作物细胞工程，还是转基因工程或分子标记辅助选择，其在育种中的利用主要包括两个方面：一是可诱导作物发生遗传变异；二是可以从染色体水平或分子水平选择遗传变异。它们辅助育种的理论基础要么是创造新基因，要么是重组基因。

一、作物细胞工程辅助育种的理论基础

作物细胞工程是以作物组织和细胞培养技术为基础，以细胞为基本单位，在体外进行培养、繁殖或人为地使细胞某些生物学特征按人们的意愿生产某种物质的过程。主要包括单倍体培养技术、体细胞无性系变异技术、细胞融合（体细胞杂交）技术和染色体操作技术等。

作物体细胞在离体条件下，以及在离体培养之前，会发生各种遗传和不遗传的变异。在这些变异中，通常把可遗传的变异称为无性系变异。无性系变异已成为人们获得遗传变异的重要来源。

染色体数目变异是组织培养中比较常见的变异类型，可分为整倍性变异和非整倍性变异。多数情况下，体细胞再生植株具有正常的 $2n$ 染色体数。在水稻、大麦、烟草等作物的组织培养过程中，都获得过染色体数目不同的再生植株。在组织培养过程中发生染色体整倍性变异，为人工获得多倍体提供了新的途径。

染色体结构变异是组织培养中另一类比较常见的变异类型，包括染色体缺失、倒位、重复和异位。在普通小麦、一粒小麦等作物的组织培养中，都曾观察到过双着丝粒染色体、无着丝粒染色体、环状染色体，以及后期的染色体桥等染色体

结构变异现象。

除了染色体数目变异和结构变异外，组织培养过程中还存在着较高频率的基因突变。其中一类是在培养基中加入化学诱变剂产生的诱发突变，使得基因序列产生插入、缺失或者单碱基突变，甚至还可以产生基因表达水平的改变。

离体培养细胞会产生各种类型的变异体，其中一种是抗性突变体，即通过细胞筛选获得抗病、抗除草剂、耐盐、抗重金属等的突变体。除此之外，还有形态性状突变体，如矮化、胚乳缺陷、多分枝等；雄性不育突变体，产量和品质性状突变体等。

1. 抗病突变体

利用病原菌分泌的毒素制作选择培养基，可以筛选出抗病突变体。近年来，国内外科学工作者在烟草、玉米、水稻、大麦、小麦、燕麦、马铃薯、油菜、番茄等作物中，用病原菌诱导产生的毒素筛选抗病突变体都已获得成功。

2. 抗除草剂突变体

选择抗除草剂突变体的目的在于获得能抗某种除草剂的作物新品种。通过组织培养技术，已获得烟草抗磺酰基脲类除草剂的突变体、小麦抗锈去津的突变体等。

3. 耐盐突变体

在组织培养条件下进行耐盐细胞变异体的筛选开展得较早，也比较广泛，涉及的作物种类已达 40 余种。研究表明，多数变异体的耐盐性是生理适应的结果，仅有少数是真实遗传的突变体。到目前为止，获得的真实耐盐突变体主要包括耐盐烟草突变体、耐盐燕麦突变体、耐盐水稻突变体等。

4. 雄性不育突变体

雄性不育在作物杂种优势利用中具有重要的价值，可以免去人工去雄，降低杂交种子的生产成本。到目前为止，在棉花、小麦、水稻等作物上，通过组织培养均有筛选出雄性不育株系的案例。

此外，耐寒、耐热、耐旱等突变体的筛选在作物改良中也具有潜在的重要意义。

花培育种是组织培养在育种上应用的成功典范。我国利用花培育种技术已育成农作物新品种几十个，有的已在生产上大面积推广并发挥着重要的作用。例如，‘中花 8 号’、‘中花 9 号’、‘中花 10 号’、‘中花 11 号’等 10 余个水稻品种，累计推广面积 90 多万 hm^2；‘京花 1 号’、‘花培 5 号’等 10 余个小麦花培品种，播种面积达 116 万 hm^2；‘桂三 1 号’玉米花培杂交种、‘油杂 1 号’花培油菜杂交种等也有较大的推广面积。

作物细胞工程因其在创造新基因型方面的独特作用，已成为传统育种的重要补充和发展。作物细胞工程技术与常规育种技术的有效结合在作物遗传改良上已显示出巨大的发展潜力。到目前为止，我国利用细胞工程技术育成的农作物新品种总数已超过30个。这些品种的推广应用为我国农业及粮食增产作出了积极贡献。特别是"九五"以来，在水稻、小麦、玉米、油菜和大豆等作物上，借助细胞组织培养技术，育成了一批高产、优质品种，对我国的农业生产起到重要作用。

二、作物转基因技术

作物转基因育种是指利用现代植物基因工程技术将某些与作物高产、优质和抗逆性状相关的基因导入受体作物中，以培育出具有特定优良性状的新品种。其遗传原理主要为基因重组。近年来，随着分子生物学技术的迅猛发展，作物转基因育种已成为常规育种技术的有效补充。

自20世纪80年代初首例转基因作物诞生以来，作物转基因的研究和应用得到了迅猛发展，各种类型的转基因作物不断问世，一大批转基因作物已进入产业化生产阶段。自1996年转基因玉米在美国开始商业化种植，到2008年全球转基因作物的种植面积每年均以两位数的百分比稳步增长，2008年达到1.25亿 hm^2，较1996年增长了74倍（图9-1）。

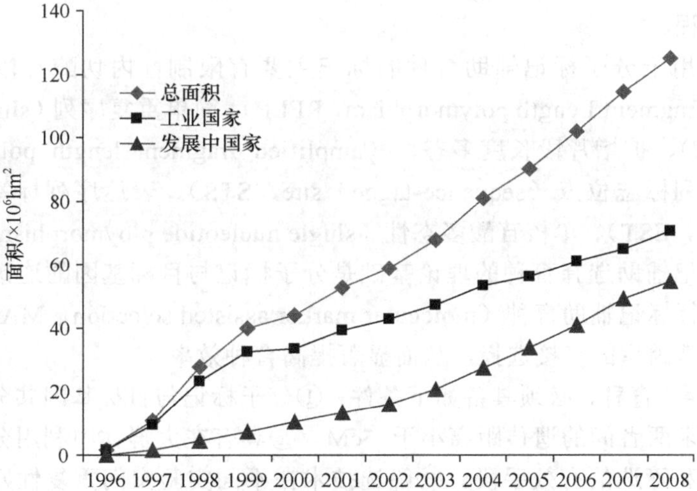

图9-1　转基因作物全球种植面积（James，2008）

从全球转基因作物的种类来看，主要包括转基因大豆、玉米、棉花和油菜。

这 4 种转基因作物的种植面积占转基因作物种植总面积的 99%以上，其中转基因大豆的种植面积最大。2008 年，转基因作物种植面积最大的 4 个作物为大豆、玉米、棉花和油菜，分别占转基因作物种植总面积的 53%、30%、12%和 5%。

从转基因作物的特性来看，耐除草剂转基因作物占的比例最大。2008 年，耐除草剂转基因大豆、玉米、油菜、棉花和紫苜蓿的种植面积占全球转基因作物种植总面积的 63%；转基因抗虫作物的种植面积占转基因作物种植总面积 15%。近年来，用于作为工业生产原料的转基因作物也有很大发展，如转基因玉米、大豆和油菜用于生产生物燃料等。

转基因作物日益明显的特点是复合性状，2008 年有 10 个国家种植复合性状的转基因作物，其中转双基因或多基因的转基因作物占转基因作物种植总面积的 22%。

三、分子标记辅助选择育种

如何提高作物育种中选择的准确度和效率，是育种工作成败的关键。传统的育种选择主要依赖于对育种群体内植株个体或家系表现型的选择（phenotypical selection）。由于植株的表现型受基因型、环境条件、基因互作、基因型与环境互作等多种因素的影响，因此仅靠表现型鉴定植株性状有一定偏差，影响育种选择的效率。遗传标记是表示遗传多样性的有效手段，其种类和数量随着分子生物学和遗传学的发展而发展，尤其是分子标记的诞生和发展可以大幅提高选择效率，加速育种进程。

目前应用于分子标记辅助育种的标记主要有限制性内切酶片段长度多态性（restriction fragment Length polymorphism，RFLP）、简单重复序列（simple sequence repeat，SSR）、扩增片段长度多态性（amplified fragment length polymorphism，AFLP）、序列标志位点（sequence-tagged site，STS）、表达序列标签（expressed sequence tag，EST）、单核苷酸多态性（single nucleotide ploymorphism，SNP）等。

分子标记辅助选择育种的理论基础是分子标记与目标基因的连锁遗传。利用分子标记进行标记辅助育种（molecular marker assisted selection，MAS）可以实现对目标性状基因型的直接选择，从而显著提高育种效率。

开展 MAS 育种，必须具备如下条件：①分子标记与目标基因共分离或紧密连锁，一般要求两者间的遗传距离小于 5cM。②具有在大群体中利用分子标记进行大规模检测和筛选的有效手段。③筛选技术在不同实验室间重复性好，且具有经济、易操作的特点。④应有实用化程度高并能协助育种家作出抉择的计算机数据处理软件。

MAS 不仅针对主基因有效，而且针对数量性状位点也有效；不仅针对异交作物有效，而且针对自花授粉作物也有效。

MAS 育种方法

常见的 MAS 育种方法有 MAS 回交育种、SLS-MAS 和 MAS 聚合育种等 3 种。

1. MAS 回交育种

回交育种一般应用于将供体亲本（一般为地方品种、特异种质或育种中间材料等）中的有利基因（即目标基因）转移或渗入到受体亲本（一般为优良品种或杂交种亲本）的遗传背景中，从而达到改良受体亲本个别性状的目的。在回交过程中，将供体亲本与受体亲本杂交，然后以受体亲本为轮回亲本进行多代回交，直到除了来自供体亲本的目标基因之外基因组的其他部分全部来自受体亲本。

由单基因或寡基因等质量性状基因控制的农艺性状，利用 MAS，针对每一回交世代，筛选出含目标基因的优异单株、株系和品系，进一步将其培育成新品种。

在回交育种过程中，尤其是当野生种作供体时，尽管一些有利基因已成功导入，但同时带来一些与目标基因连锁的不利基因，成为连锁累赘。利用与目标基因紧密连锁的分子标记可直接选择在目标基因附近发生重组的个体，从而避免了或显著减少了连锁累赘，加快了回交育种的进程。模拟结果显示，利用 MAS，通过二次回交所缩短的渗入区段在不用标记辅助时需 100 次回交才可达到同样效果（图 9-2）。

2. SLS-MAS

SLS-MAS（single large-scale MAS）的基本原理是在一个随机杂交的混合大群体中，保证中选的植株在目标位点纯合，而在目标位点以外的其他基因位点上保持较大的遗传多样性，最好仍呈孟德尔式分离。这样分子标记筛选后，仍有很大遗传变异供育种家通过传统育种方法选择，产生新的品种和杂交种。这种方法对质量性状或数量性状基因的 MAS 均适用。本方法可分为 4 步。

第一步：利用传统育种方法结合 DNA 指纹图谱选择用于 MAS 的优异亲本，特别是对于数量性状而言，不同亲本针对同一目标性状具有不同的 QTL，即具有更多的等位基因多样性。

第二步：确定该重要农艺性状 QTL 标记。利用中选亲本与测验系杂交，将 F_1 自交产生分离群体，一般 200～300 株，结合 $F_{2:3}$ 单株株行田间调查结果，确定主要 QTL 的分子标记。

表现型数据必须是在不同地区种植获得，以消除环境对目标基因表达的影响。标记的 QTL 不受环境改变的影响，且占表现型方差的最大值（即要求该数量性状位点必须对该目标性状贡献值大）。确定 QTL 标记的同时将中选的亲本杂交，其后代再自交 1～2 次产生一个很大的分离群体。

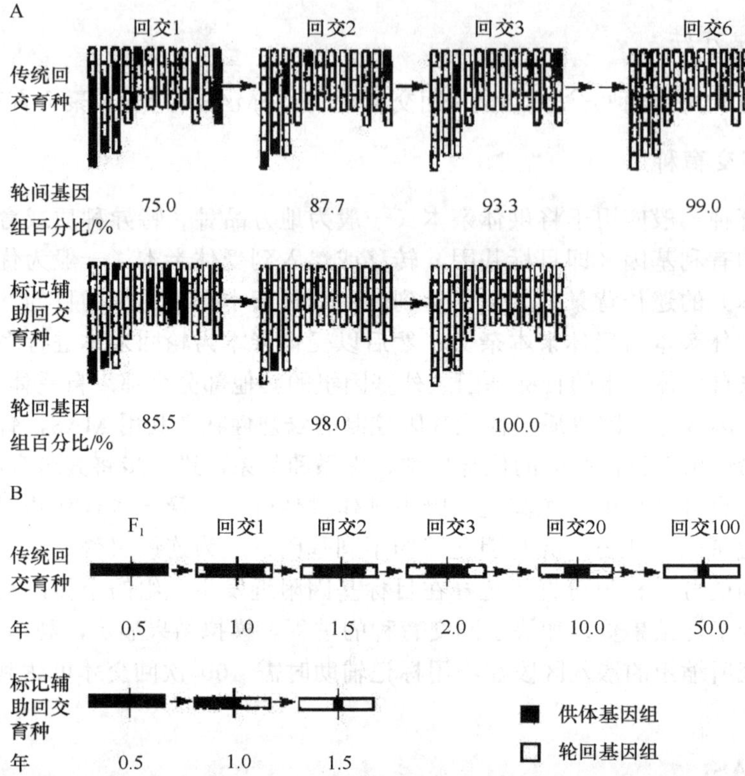

图 9-2　回交育种中传统方法与标记辅助选择效率的计算机模拟比较（张天真，2003）

A. 轮回亲本基因组在回交后代中的恢复速率；B. 轮回亲本基因组在目标基因邻近区域的恢复速率。回交后代的基因组组成用图示基因型表示

第三步：结合 QTL 标记的筛选，对上述分离群体中单株进行 SLS-MAS。

第四步：根据中选位点选择目标材料，由于连锁累赘，除中选 QTL 标记附近外，其他位点保持很大的遗传多样性，通过中选单株自交，基于本地生态需要进行系统选择，育成新的优异品系，或将优异品系与测验系杂交产生新杂种。若目标性状位点两边均有 QTL 标记，则可降低连锁累赘。

3. MAS 聚合育种

基因聚合（gene pyramiding）是指通过聚合杂交将分散在不同品种中的多个有利目标基因累积到同一品种材料中培育成一个具有多种有利性状的品种的技术。例如，聚合多个抗性基因的品种。但是在实际育种工作中，由于导入的新基因的表现常被预先存在的基因掩盖或者许多基因的表现型相似难以区分、隐性基因需要测交检测或接种条件要求很高等，导致许多抗性基因不一定在特定环境下表现出抗性，造成基于表现型的抗性选择将无法进行。MAS 可利用分子标记跟踪新导入的有利基因，将超过观测阈值外的有利基因高效地累积起来，为培育含有多抗、优质基因的品种提供重要的途径。

MAS 技术在快速聚合基因方面表现出巨大的优越性。农作物中有许多基因的表现型是相同的，通过经典遗传育种研究无法区分不同基因效应，从而不易鉴定一个性状的产生是由一个基因还是多个具有相同表现型的基因共同作用的。借助分子标记，可以先在不同亲本中将基因定位，然后通过杂交或回交将不同的基因转移到一个品种中去，通过检测与不同基因连锁的分子标记有无来推断该个体是否含有相应的基因，以达到聚合选择的目的。

南京农业大学细胞遗传所与扬州市农业科学研究所合作，借助于 MAS 完成了 *Pm4a+Pm2+Pm6*、*Pm2+Prn6+Pm21*、*Pm4a+Pm21* 等小麦白粉病抗性基因的聚合，从而拓宽了现有育种材料对白粉病的抗谱，提高了抗性的持久性。南京农业大学棉花研究所在多目标性状聚合的修饰回交育种基础上，提出了 MAS 的修饰回交聚合育种方法。修饰回交是将杂种品系间杂交和回交相结合的一种方法，即回交品系间的杂交法。将各具不同优良性状的杂交组合分别和同一轮回亲本进行回交，获得各具特点的回交品系，再把不同回交品系进行杂交聚合。

目前利用分子标记技术除了可对目标性状进行前景选择外，还可对轮回亲本的遗传背景进行背景选择，以达到快速打破目标性状间的负相关，获得聚合多个目标性状新品系的目的（图 9-3）。

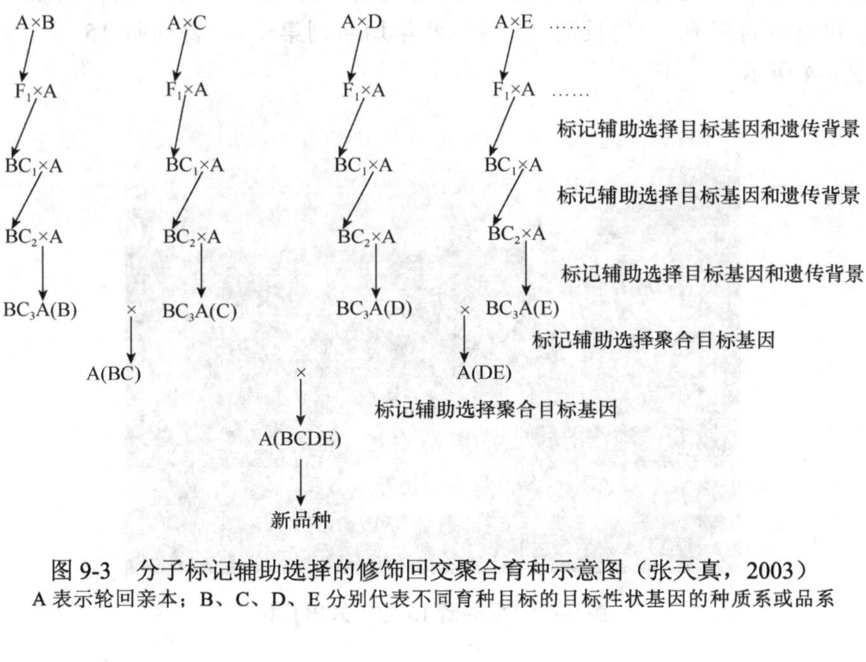

图 9-3　分子标记辅助选择的修饰回交聚合育种示意图（张天真，2003）

A 表示轮回亲本；B、C、D、E 分别代表不同育种目标的目标性状基因的种质系或品系

第二节　转基因抗虫杂交棉——‘鲁棉研15号’

‘鲁棉研 15 号’是山东省棉花研究中心、中国农业科学院生物技术研究所，利用棉花高效转基因抗虫育种技术体系选育出的转基因抗虫棉品种。‘鲁棉研 15 号’具有高产、稳产、品质优良、适应性广、抗逆性强等突出特性，实现了高抗棉铃虫性与多个优良性状的良好结合，在连续 5 年的山东省和国家区域试验中产量均居第一位，大面积种植表现突出，是我国棉花育种上的又一重大突破。

一、‘鲁棉研 15 号’的特征特性

全生育期 129 天，单铃重 5.6～6.1g，衣分 40.7%～41.9%，子指 10.1～10.3g，衣指 8.9g。出苗好，前期发育搭架快，长势旺而稳健，叶片中等大小，叶色深绿，果枝节位较高，果枝略上冲，茎秆粗壮坚韧，赘芽少，易管理，株型清秀，通透性好，耐阴雨，结铃性强，开花结铃集中，铃呈卵圆形，大而均匀，铃壳薄，烂铃轻，吐絮畅而集中，易收摘，霜前花率高，早熟不早衰。高产，稳产。在 1997～2001 年连续 5 年的山东省和全国黄河流域抗虫棉区域试验和生产试验中，皮棉和霜前皮棉产量均居第一位，分别比对照抗虫杂交棉‘中棉所 29 号’增产 9.0%～12.5%；比对照抗虫杂交棉‘中棉所 38 号’增产 22.5%～25.0%；比美国岱字棉公司提供参试的‘新棉 33B’增产 24.4%。国家区域试验对 9 个同期参试品种的 16 个性状进行综合评判，‘鲁棉研 15 号’两年均名列第一。‘鲁棉研 15 号’大田表现见图 9-4 所示。

图 9-4　‘鲁棉研 15 号’大田长相

‘鲁棉研 15 号’抗黄萎病，高抗棉铃虫，纤维品质优良：2.5%纤维跨长 30.5mm，比强度 21.0cN/tex，麦克隆值 4.2，气纱品质 1889，各项品质指标均优于对照‘中棉所 19 号’。

二、‘鲁棉研 15 号’的选育过程

1. 选育背景

1992 年棉铃虫在我国北方棉区持续特大暴发，1992～1993 年山东省棉花平均单产骤降至 30.3kg/亩和 35.9kg/亩，分别为 1991 年的 52.7%和 62.4%，造成了极为严重的经济损失，棉花生产急剧下滑。自美国在世界上率先培育出转 *Bt* 基因抗虫棉新品种，1995 年始在美国大面积推广种植后，1996 年河北省成立了冀岱棉种技术有限公司，将转基因抗虫棉品种引进我国推广种植。与此同时，中国农业科学院生物技术研究所郭三堆等于 1992 年首次人工合成了 *GFMCryIA* 杀虫基因，并将该基因导入我国当时大面积推广的‘中棉所 12 号’、‘泗棉 3 号’等品种中，使我国成为世界上人工合成杀虫基因、获得转 *Bt* 基因抗虫棉的第二个国家。当时国内外转基因抗虫棉品种虽高抗棉铃虫，但同时也存在一些缺陷，主要表现在铃小、衣分低、抗逆性较差等。生产上迫切需要综合性状优良的国产转基因抗虫棉新品种。

2. 总体思路

以国产转 *Bt* 基因抗虫种质‘GK-12’为骨干抗虫亲本，利用棉花杂交种选育时间短、见效快、易于聚合优良性状等特点，有针对性地大量选配杂交组合，边选育、边提高、边鉴定、边制种，实现棉花高抗棉铃虫性与高产、优质、抗病、早熟等多个优良性状的同步改良，培育出高产、优质、抗病、广适性的转基因抗虫杂交棉新品种，尽快用于生产。

3. 亲本选配

除遵循杂种优势利用亲本选配原则外，特别注意针对转基因抗虫棉种质的缺点，选择前期发育快，开花结铃集中，铃大，衣分高，生产潜力大的材料作亲本，尤其是根据杂交后代的表现筛选具有利于 *Bt* 基因表达的遗传背景的材料作骨干亲本。

4. 杂交方式

采用多个非抗虫亲本与抗虫亲本杂交、F_1 间复交、修饰性回交等杂交方式，并结合轮回选择，以抗虫中间材料为抗虫亲本，将其有针对性地与另一亲本继续

进行复合杂交或进行抗虫中间材料间的相互交配，以扩大有利基因间重组和交换的机会，聚合优良性状。以综合性状优良的常规品种或中间材料作母本。

5. 杂交后代的处理

对与抗虫亲本直接杂交的 F_1 就进行田间抗虫性鉴定、产量比较和室内 Bt 晶体蛋白测定，淘汰 Bt 晶体蛋白含量低、田间表现抗虫性差、产量低的组合，筛选 *Bt* 基因表达量高的组合，对重点组合加大 F_2 群体。分离世代在间定苗时，注意选留具有抗性单株苗期形态特征的棉苗，去大、去小、去弱留中间，按系谱法进行单株选择，重点从抗性株分离比例高的组合中选抗株，连续选抗选优，直至稳定，升入高一级比较试验。

6. 比较鉴定

对当选品系的丰产性、抗虫性、适应性、抗病性等尽早进行全面鉴定。由于品系间在 *Bt* 基因的表达量上仍存在差异，仅靠田间自然感虫鉴定难以分辨。可通过以下方法鉴定：①尽量安排多点鉴定试验，检验在不同自然感虫条件下的抗性表现；②进行室内饲喂鉴定和网室鉴定；③测定 Bt 晶体蛋白的含量，加大抗虫鉴定力度，选择抗虫性较强的品系。

三、‘鲁棉研 15 号’的选育经过

1995 年：从‘GK-12’初始系选单株。

1995 年冬：所选单株在海南种植株行，编号‘55’株行（后定为‘鲁 R55 系’）综合表现较优，以此作为骨干抗虫亲本，大量选配杂交组合。针对‘GK-12’等转基因抗虫棉种质的缺点，选择前期发育快，开花结铃集中，铃大，衣分高，生产潜力大的品种（系）作母本与其配制组合。

1996 年：在内地进行杂交 F_1 比较试验。在全生育期不防治棉铃虫的情况下，25 个抗虫组合平均霜前皮棉单产 64.96kg/亩，而不抗虫对照‘中棉所 12 号’受棉铃虫危害严重，平均单产只有 20.67kg/亩，抗虫对照‘鲁 R55 系’平均单产为 44.69kg/亩。25 个抗虫组合平均分别比不抗虫和抗虫对照增产 214.3%和 45.4%。其中以‘鲁 R55 系’作亲本杂交的 16 个组合平均霜前皮棉单产 71.32kg/亩，分别比不抗虫和抗虫对照增产 244.4%和 59.6%。尤以‘H9513’组合表现最为突出，皮棉和霜前皮棉单产分别为 105.27kg/亩和 100.30kg/亩，分别比不抗虫和抗虫对照增产 244.4% 和 59.6%，单铃重 5.7g，衣分 39.8%，2.5%纤维跨长 31.2mm，比强度 20.9cN/tex，麦克隆值 4.0，综合性状优良。‘鲁棉研 15 号’及父本表现见图 9-5 所示。

图 9-5　‘鲁棉研 15 号’与父本

1997～1998 年：为最大限度地加快育种进程，1996 年在进行杂交 F_1 比较试验的同时，根据此前对杂交亲本的研究和对所配制组合的预期，以‘鲁 613’、‘鲁棉 14 号’、‘中棉所 12 号’等骨干亲本为母本，以‘鲁 R55 系’作父本少量杂交制种，一是探索抗虫棉人面积杂交制种的方法，更重要的是通过 F_1 比较试验筛选出优良组合后，翌年即可推荐参加区域试验。以综合性状优良的‘鲁 613 系’作母本与‘R55 系’为父本杂交组合的‘H9513’表现最为突出。1997 年将该组合推荐参加山东省抗虫棉区域试验。

1999～2001 年：参加全国黄河流域抗虫棉区域试验，山东省和全国黄河流域杂交棉生产试验。

2001 年通过山东省农作物品种审定委员会审定，2003 年通过河南省农作物品种审定委员会认定，2004 年获国家农业转基因植物安全证书，2005 年通过农业部国家农作物品种审定委员会审定。被农业部确定为黄河流域主导棉花品种，被选为全国黄河流域和山东省杂交棉区域试验对照品种。

四、‘鲁棉研 15 号’的育种理念

‘鲁棉研 15 号’的选育关键在于亲本的选择。其父本‘鲁 R55 系’保留了‘GK-12’的高抗棉铃虫性和结铃性较强等特点，综合抗性有了较大改进；母本‘鲁 613 系’选自‘石远 321’。‘石远 321’为多亲本远缘杂交后代，遗传基础丰富，综合性状优良。‘鲁 613 系’较‘石远 321’在综合抗性方面又有了较大改进，几年的育种应用与研究表明，该品系前期发育快，开花结铃集中，铃大，衣分高，抗逆性较强，营养生长与生殖生长协调，丰产、稳产性好，而且一般配合力较高，符合育种目标要求，是一个优良亲本。双亲在主要农艺性状和经济性状上的互补性较强。后期的研究还表明，‘鲁 613’具有利于 *Bt* 基因高效表达的遗传背景。‘鲁棉研 15 号’很好地结合了双亲的优良性状。

五、'鲁棉研 15 号'的推广前景

以'鲁棉研 15 号' F_1、父本、母本为材料，以当时生产上大面积推广的'中棉所 12 号'为对照，研究了'鲁棉研 15 号'的优势表现与产量构成。在正常治虫条件下，'鲁棉研 15 号'皮棉和霜前皮棉单产分别为 122.05kg/亩和 97.51kg/亩，具有较强的超亲优势。在全生育期不防治棉铃虫的条件下，'鲁棉研 15 号'皮棉和霜前皮棉单产分别为 105.38kg/亩和 80.89kg/亩，分别比其抗虫亲本增产 64.02%和 82.02%，增产幅度高于正常治虫条件下的增幅。无论是在正常治虫条件下，还是不治虫条件下，'鲁棉研 15 号'的霜前花率都是最高的，具有超亲优势。'鲁棉研 15 号'总蕾量大，上桃快。最终平均单株成铃 18.3 个，亩总铃数 7.145 万个，单铃重 6.1g，均高于双亲和对照'中棉所 12 号'，衣分介于双亲之间，与'中棉所 12 号'相当。'鲁棉研 15 号'花期、铃期及吐絮期特征见图 9-6。说明'鲁棉研 15 号'皮棉产量的强优势主要来自单株结铃性的提高和铃重的增加。分析'鲁棉研 15 号'和其双亲的产量构成可以看出，其父本'鲁 R55 系'虽然单株成铃和总铃数均较高，但由于衣分低，铃重中等，导致皮棉产量较低；母本尽管总成铃和单株成铃都较低，但由于衣分最高，铃也较大，皮棉产量仍居第二位；'鲁棉研 15 号'正是很好地结合了双亲的优点，从而表现出较强的杂种优势。

图 9-6 '鲁棉研 15 号'花期、铃期、絮期长相

'鲁棉研 15 号'在连续 5 年的山东省和国家区域试验中产量均居第一位，大面积种植表现突出，是我国棉花育种上的又一重大突破。'鲁棉研 15 号'大面积高效制种技术体系大幅度提高了制种产量和效率，使山东一度成为全国最大的棉

花杂交制种基地，最大年制种面积占全国的 50%以上，带动和促进了我国棉花杂交制种产业的发展，使黄淮流域棉区大面积种植棉花杂交 F_1 成为可能。1999～2005年，在山东及江苏、河南、安徽、湖北、江西、河北、天津 8 省市累计推广 2366 万亩，皮棉增产 4.1 亿 kg，直接经济效益增加 47.9 亿元。该品种是推广面积最大、取得经济效益最高的转基因抗虫杂交棉品种，极大地推动了我国抗虫杂交棉的发展，起到了里程碑的作用。

第三节　甘薯体细胞杂交方法创制甘薯育种新材料

甘薯［*Ipomoea batatas*（L.）Lam.］是重要的粮食、饲料、工业原料及新型能源用块根作物。根据同甘薯的杂交亲和性，甘薯组植物被分为同甘薯杂交亲和的第Ⅰ群和同甘薯杂交不亲和的第Ⅱ群两个群。研究表明，甘薯近缘野生种中存在很多甘薯所不具有的优良基因，但大多数甘薯近缘野生种属于第Ⅱ群，使得这些优良的基因资源长期以来一直不能被甘薯的遗传改良有效利用。植物体细胞杂交也称原生质体融合，是指将不同种、属甚至科间的植物原生质体经过人工诱导融合，然后离体培养获得杂种植株的过程。它是以原生质体培养技术为基础，在动物细胞融合技术的基础上发展起来的。植物体细胞杂交为克服植物有性杂交不亲和、打破物种之间的生殖隔离和扩大遗传变异等提供了一种有效的手段。因此，通过体细胞杂交的方法，利用甘薯及其近缘野生种创制中间材料，可将甘薯近缘野生种中的优良基因应用于甘薯品种改良。

中国农业大学刘庆昌和翟红等以甘薯品种‘高系 14 号’和甘薯近缘野生种 *Ipomoea triloba* 为材料，通过原生质体融合创制了一系列甘薯育种新材料。

一、原生质体融合

1. 甘薯品种胚性悬浮细胞原生质体的分离和纯化

甘薯品种‘高系 14 号’胚性悬浮细胞原生质体分离参照郭建明（2006）和 Liu 等（2001）的方法。将继代培养 2～3 天的 1g 悬浮细胞移入 10mL 酶溶液Ⅱ（表 9-1）中，在（27±1）℃、黑暗条件下，以 50r/min 振荡处理 6～8h。然后将分离的原生质体和酶液混合溶液过滤，将滤液用吸管小心地转移到 20%蔗糖溶液上，在 350×*g* 下离心 10min，收集原生质体。再将所得原生质体用 W_5 液洗涤 1 次（200×*g* 下离心 4min），将得到的原生质体悬浮于 W_5 液（表 9-2）中，使原生质体密度约为 10^6 个/mL。

表 9-1 酶溶液的组成

组成	酶溶液 I	酶溶液 II
Macerozyme R-10	0.2%	—
Cellulase Onozuka R-10	0.4%	2.0%
Pectolyase Y-23	—	0.1%
$CaCl_2·2H_2O$	0.5%	0.5%
D-mannitol	0.6mol/L	0.5mol/L
MES	5.0mmol/L	5.0mmol/L
pH	5.8	5.8

表 9-2 W_5 液的组成

组成	浓度
$CaCl_2·2H_2O$	125.0mmol/L
NaCl	154.0mmol/L
KCl	5.0mmol/L
Glucose	5.0mmol/L
MES	5.0mmol/L
pH	5.8

2. 甘薯近缘野生种原生质体的分离和纯化

甘薯近缘野生种 *Ipomoea triloba* 原生质体的分离和纯化采用郭建明（2006）的方法。用手术刀将幼嫩植株的 1g 叶柄切成细丝，移入到过滤灭菌的 10mL 酶溶液 I（表 9-1）中，在（27±1）℃、黑暗条件下于恒温箱中静置处理 18～20h。酶解后，用 0.4mm 孔径的不锈钢网筛过滤原生质体酶解液，然后将滤液小心地置于 20%蔗糖溶液上，在 350×*g* 下离心 10min。将收集到的原生质体先用 W_5（表 9-2）洗涤 2 次（200×*g* 下离心 4min），再用原生质体培养基 P_1（表 9-3）洗涤 1 次（200×*g* 下离心 4min），最后将得到的原生质体悬浮于培养基 P_1 中。

表 9-3 原生质体培养基的组成

组成	P_1	P_2	P_3
NH_4NO_3	0mg/L	0mg/L	1650mg/L
KNO_3	950	950	1900
KH_2PO_4	85	85	170
$MgSO_4·7H_2O$	185	185	370
$CaCl_2·2H_2O$	220	220	440
$MnSO_4·4H_2O$	11.15	11.15	22.30

续表

组成	P_1	P_2	P_3
$ZnSO_4·7H_2O$	4.3	4.3	8.6
H_3BO_3	3.1	3.1	6.2
KI	0.415	0.415	0.830
$Na_2MoO_4·2H_2O$	0.125	0.125	0.250
$CuSO_4·5H_2O$	0.0125	0.0125	0.0250
$CoCl_2·2H_2O$	0.0125	0.0125	0.0250
Na_2EDTA	18.7	18.7	37.3
$FeSO_4·7H_2O$	13.9	13.9	27.8
Inositol	100.0	100.0	100.0
Thiamine-HCl	0.5	0.5	0.5
Glycine	2.0	2.0	2.0
Nicotinic acid	0.5	0.5	0.5
Pyridoxine-HCI	0.5	0.5	0.5
Casein hydro1ysate	50.0	50.0	0
2,4-D	0.05	0.05	0.05
Kinetin（KT）	0.5	0.5	0.5
D-mannitol	0.6mol/L	0.3mol/L	0
Sucrose	1.0%	2.0%	3.0%
pH	5.8	5.8	5.8

3. 原生质体融合

原生质体融合采用郭建明（2006）的方法。将甘薯品种‘高系 14 号’的胚性悬浮细胞原生质体与 *I. triloba* 的叶柄原生质体以 2∶1 的比例进行混合（图 9-7A），然后将原生质体混合液滴于无菌干燥的培养皿底部，在其上迅速滴加 PEG 融合液（表 9-4）进行融合处理，10～15min 后，将融合原生质体（图 9-7B）用 W_5 液轻轻洗涤 1 次，再用原生质体培养基 P_1（表 9-3）轻轻洗涤 2 次后，进行培养。

表 9-4　PEG 融合液的组成

组成	浓度
PEG 6000	30.0%
$Ca(NO_3)_2·5H_2O$	0.1mol/L
D-mannitol	0.5mol/L
pH	9.0

二、融合原生质体培养及植株再生

原生质体分离纯化后，悬浮培养在含原生质体培养基 P_1 的直径为 60mm 的玻璃培养皿中，原生质体的培养密度约为 10^6 个/mL。(27±1) ℃、黑暗条件下静置，采用液体浅层法进行培养。每隔 20～30 天，将培养物依次转移到原生质体培养基 P_2 和 P_3（表 9-4）中，在相同条件下继续培养。

在原生质体培养 10～12 周后，将增殖得到的愈伤组织转移到添加 2.0mg/L BAP 的 MS 培养基上，在（27±1）℃温度，每日 13h、3000lx 光照下培养诱导愈伤组织分化，随后诱导植株再生（图 9-7C～图 9-7E）。

三、再生植株的杂种性鉴定

过氧化物酶同工酶分析、RAPD 分析和 AFLP 分析表明，在‘高系 14 号’与 *I. triloba* 体细胞杂交所得到的再生植株中，有 91 株具有两个亲本所共有的特征酶带，说明这些再生植株为体细胞杂种（图 9-7G～图 9-7I）。

四、体细胞杂种植株的形态鉴定

将所有的杂种植株种植于大田。结果发现，大多数体细胞杂种植株的生长状态倾向于野生种茎细且蔓生的特性；而‘KT1’体细胞杂种植株的生长与其栽培种亲本类似（图 9-7F，图 9-7M，图 9-7N）。‘KT1’种入大田，能够得到正常的薯块，其薯皮颜色为白色，不同于‘高系 14 号’的红色（图 9-7O）。

对体细胞杂种植株‘KT1’进行基因组原位杂交（genomic in situ hybridization，GISH）分析，可以进一步将杂种中分别来自双亲的染色体明显地分开，从而使杂种植株的遗传组成更详细和直观。

在‘KT1’的 GISH 分析中，以‘高系 14 号’的基因组 DNA 作为探针（红色），分别同自己、‘KT1’和 *I. triloba* 的染色体进行原位杂交。结果显示：‘高系 14 号’与自己的杂交，每条染色体都有信号（图 9-7J）；与‘KT1’的杂交，‘KT1’共有 88 条染色体，其中 49 条来自‘高系 14 号’，25 条来自 *I. triloba*（绿色），14 条为两者的重组或易位（图 9-7K）；而‘高系 14 号’与 *I. triloba* 的杂交则无红色信号（图 9-7L），说明‘高系 14 号’与 *I. triloba* 的亲缘关系较远。

五、体细胞杂种植株的抗旱性鉴定

将‘KT1’植株和‘高系 14 号’种入大田，2 周后所有植株均移栽成活，且长势旺盛。干旱处理 50 天后，'KT1'受干旱的影响在两个亲本之间，而'高系 14 号'受的影响最大（图 9-7P～图 9-7R）。分别测定'KT1'与其亲本的叶片相对含水量（RWC）、过氧化氢酶活性（CAT）和脯氨酸含量（proline）等与甘薯抗旱密切相关的指标（钮福祥等，1996；张明生等，2001）。结果显示，水分胁迫后，'KT1'变化幅度均在两个亲本之间（表 9-5），且显示出比'高系 14 号'强而趋向于 *I. triloba* 的抗旱性，说明'KT1'遗传了 *I. triloba* 的抗旱性状。

表 9-5　体细胞杂种'KT1'与其亲本'高系 14 号'和 *I.triloba* 的抗旱性鉴定结果

	高系 14 号		KT1		*I. triloba*	
	对照	干旱胁迫	对照	干旱胁迫	对照	干旱胁迫
RWC/%	86.37±1.61b*	83.99±1.12c	88.49±0.91ab	87.08±0.72ab	89.92±1.47a	89.78±1.45a
CAT/(U/g·min)	156.72±5.02c	119.15±1.14e	169.40±4.76ab	148.76±3.53d	175.25±4.97a	162.69±5.38bc
Proline/(μg/g FW)	24.77±1.05d	25.26±0.86d	23.98±1.05d	27.37±1.00c	35.52±1.54b	40.10±0.52a

*表示为平均值±SE，同一列中不同字母表示在 $P<0.05$ 水平有显著差异

六、体细胞杂种薯块的产量与品质鉴定

'KT1'的干物率比'高系 14 号'低，但不具有显著差异。在可溶性糖含量的测定中，'KT1'显著高于'高系 14 号'（表 9-6）。

表 9-6　'高系 14 号'与体细胞杂种'KT1'的产量及主要品质

基因型	干物率/%fw	可溶性糖/%fw
高系 14 号	30.17± 1.73a	1.80±0.11b
KT1	27.92± 1.47a	2.11± 0.16a

注：表中数值为平均值±标准差，同一列中的不同字母表示差异达 $P<0.05$ 的显著水平

从甘薯及其近缘野生种的种间体细胞杂种植株中，筛选得到具有良好膨大块根的体细胞杂种'KT1'。对'KT1'进行 GISH 分析、抗旱性鉴定、品质分析，结果表明'KT1'比其甘薯亲本具有更好的抗旱性和品质。将其同亲本进行回交，获得了一批有膨大块根的回交后代（图 9-7S）。这些甘薯组种间杂种新种质可望应用于甘薯育种。

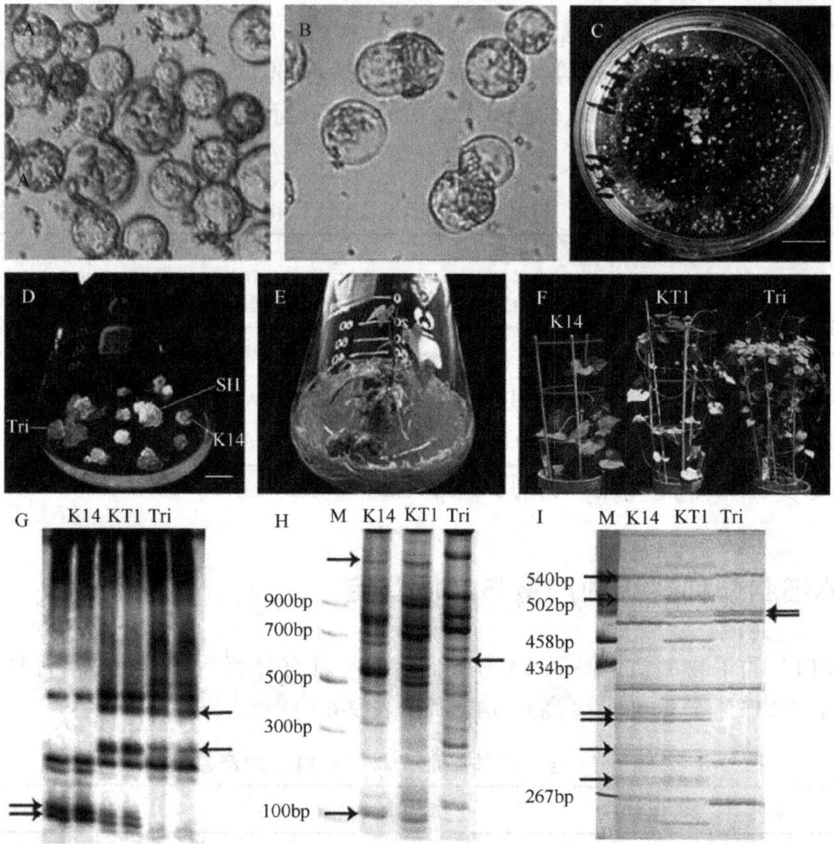

图 9-7　‘高系 14 号’+*I. triloba* 融合原生质体的植株再生及特性鉴定（Yang et al.，2009）

A.‘高系 14 号’胚性悬浮细胞原生质体和 *I .triloba* 叶柄原生质体的混合物；B.‘高系 14 号’和 *I. triloba* 原生质体的融合；C. 培养 9 周后增殖得到的小细胞团；D. 在增殖培养基上快速增殖的愈伤组织；E. 在 MS 基本培养基上再生出的完整植株；F.‘KT1’及其亲本的植株形态；G. 杂种‘KT1’的过氧化物同工酶图谱；H. 体细胞杂种‘KT1’及其亲本植株的 RAPD 分析，引物为 S1（GTTTCGCTCC）；I. 体细胞杂种‘KT1’的 AFLP 扩增图谱，引物组合为 *Eco*RI-AGG/*Mse*I-CAT，箭头表示‘KT1’具有双亲的特征条带；J～L. 体细胞杂种‘KT1’及其亲本的 GISH 核型分析：J 为‘高系 14 号’与自己的 GISH 分析；K 为‘高系 14 号’与‘KT1’的 GISH 分析；L 为‘高系 14 号’与 *I. triloba* 的 GISH 分析，以‘高系 14 号’的基因组 DNA 为探针，红色表示来自‘高系 14 号’的染色体或染色体片段，绿色表示来自 *I. triloba* 的染色体或染色体片段，箭头表示重组染色体，白色线条表示 5μm 的长度；M.‘KT1’及其亲本的叶部形态；N.‘KT1’及其亲本的花形态；O.‘KT1’及其亲本的地下部结薯性；P～R. 干旱处理 50 天后的‘高系 14 号’（P）、‘KT1’（Q）和 *I. triloba*（R）的植株；S.‘KT1’与亲本‘高系 14 号’的回交后代种子形成的幼苗；Tri. *I. triloba*；K14. ‘高系 14 号’；M. Marker

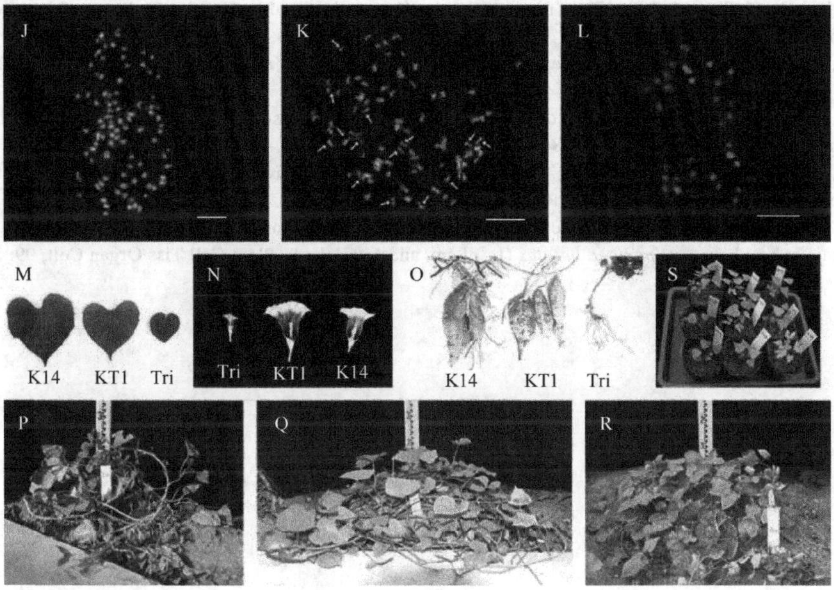

图 9-7 （续）

主要参考文献

曹孜义, 刘国民. 2001. 实用植物组织培养技术教程. 兰州: 甘肃科学技术出版社.

方宣钧, 吴为人, 唐纪良. 2001. 作物 DNA 标记辅助育种. 北京: 科学出版社.

郭建明. 2006. 甘薯组种间体细胞杂种植株的获得及其特性评价. 中国农业大学博士学位论.

郭世华. 2006. 分子标记与小麦品质改良. 北京: 中国农业出版社.

哈弗德 N. 2008. 遗传工程作物. 薛庆中, 等译. 北京: 科学出版社.

胡道芬. 1996. 植物花培育种进展. 北京: 中国农业科学技术出版社.

林栖凤. 2004. 植物分子育种. 北京: 科学出版社.

刘庆昌. 2015. 遗传学. 北京: 科学出版社.

刘庆昌, 吴国良. 2010. 植物细胞组织培养. 北京: 中国农业大学出版社.

钮福祥, 华希新, 郭小丁, 等. 1996. 甘薯品种抗旱性生理指标及其综合评价初探. 作物学报, 22(4): 392-398.

孙其信. 2011. 作物育种学. 北京: 高等教育出版社.

王关林, 方宏筠. 1998. 植物基因工程原理与技术. 北京: 科学出版社.

王旭静, 贾士荣. 2008. 国内外转基因作物产业化的比较. 生物工程学报, 24(4): 541-546.

吴乃虎. 2001. 基因工程原理. 2 版下册. 北京: 科学出版社.

肖尊安. 2005. 植物生物技术. 北京: 化学工业出版社.

许智宏, 卫志明. 1997. 原生质体的培养和遗传操作. 上海: 上海科学技术出版社.

杨育峰. 2009. 用体细胞杂交法创造甘薯组种间杂种新种质的研究. 中国农业大学博士学位.

张明生, 谈锋, 张启堂. 2001. 快速鉴定甘薯品种抗旱性的生理指标及方法的筛选. 中国农业科学, 3: 260-265.

张天真. 2003. 作物育种学概论. 北京: 中国农业出版社.

周延清. 2005. DNA 分子标记技术在植物研究中的应用. 北京: 化学工业出版社.

James C. 2007. Global Status of Commercialized Biotech/GM Crops. ISAAA Briefs 37-2007.

James C. 2008. Global Status of Commercialized Biotech/GM Crops. ISAAA Briefs 39-2008.

Liu Q C, Kokubu T, Sato M. 1990. Plant regeneration in stem, petiole and leaf explant cultures of *Ipomoea triloba* L. Jpn J Breed, 40: 321-327.

Liu Q C, Kokubu T, Sato M. 1991. Plant regeneration from *Ipomoea triloba* L. protoplasts. Jpn J Breed, 41: 103-108.

Liu Q C, Kokubu T, Sato M. 1992. Shoot regeneration from protoplast fusions of sweetpotato and its related species. Jpn J Breed, 42(Suppl 1): 88-89.

Liu Q C, Zhai H, Wang Y, et al. 2001. Efficient plant regeneration from embryogenic suspension cultures of sweetpotato. In Vitro Cell Dev Biol Plant, 37: 564-567.

Yang Y F, Guan S K, Zhai H, et al. 2009. Development and evaluation of a storage root-bearing sweetpotato somatic hybrid between *Ipomoea batatas* (L.) Lam. and *I. triloba* L. Plant Cell Tiss Organ Cult, 99: 83-89.